環境ガバナンスの政治学

脱原発とエネルギー転換

坪郷 實 著

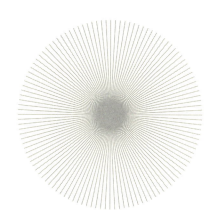

法律文化社

はしがき

　環境政策は比較的新しい政策分野であり、その歴史はおよそ50年に過ぎない。その始まりは、環境問題が地球規模の問題であると認識された1970年前後の時期である。環境政策の目的は、自然保護、環境保護、アメニティ・景観という3分野にわかれる。地球環境問題は、自然生態系、企業活動、人間の生活スタイルという3者の複合的な関係から生じる。上記の3分野の環境問題や地球環境問題に対する問題解決のために環境政策が実施される。環境政策が実施されることにより、自然生態系の保護・保全が行われ、産業技術の発展方向を転換し企業活動が変わり、社会のイノベーションが行われ、人間の生活スタイルが変わることを通じて、問題解決が行われる。この環境政策が効果のあるものになるためには、経済政策や社会政策を初めとする他の政策分野との政策統合を行うことが不可欠である。

　「将来の世代が自らニーズを充足する能力を損なうことなく、現在の世代のニーズを満たすような開発」として知られる「持続可能な発展」は、エコロジー（環境）的側面、経済的側面、社会的側面という3側面の統合的な発展を意味する。つまり、環境問題の原因は、市場経済にあり、環境問題は経済問題や社会問題と関連している。このようなエコロジー（環境）的側面、経済的側面、社会的側面3者の統合的発展を行う環境政策を「統合的環境政策」（あるいは環境政策統合）という。具体的な事例として、環境政策とエネルギー政策の統合を行う環境エネルギー政策、環境政策と交通政策の統合を目指す公共交通機関を重視する環境交通政策、環境政策と農業政策の統合を行う有機農業を初めとする環境農業政策を挙げることができる。例えば、環境エネルギー政策は、エネルギー政策の従来の目標である安定供給と経済効率性に加えて、環境適合性（持続可能性）を組み込むことによって、エネルギー政策の転換を行い、持続可能な発展への移行を推進するものである。さらに、1986年のチェルノブイリ原発事故後の「リスク社会論」は、「安全なエネルギー」が持続可能なエ

ネルギーであることを示している。この持続可能な発展への移行プロセスを推進する運営体制が「環境ガバナンス」である。

さて、本書は、統合的環境政策を中核とする「環境ガバナンス」に関する主要な議論を政治学的観点から整理することにある。この環境ガバナンスの主要な要素は、「目標志向、結果志向のガバナンス」、「統合的環境政策」、「多様な主体（アクター）による協力ガバナンス」、「重層的ガバナンス」である。以下、それぞれ簡単に触れておこう。

第1の「目標志向、結果志向のガバナンス」は、環境政策計画によって定着しているアプローチであり、その新奇性は「目標設定、達成期限、結果のモニタリング」にある。継続する複雑な長期的環境問題に対処し、既存の行政や組織の「慣行や慣性」を打ち破るためには、調整された持続的な行動を行う実効性のある環境政策が必要だからである。

第2の「統合的環境政策」に関しては、すでに述べたように、経済の中心部分が環境への長期的な負荷の主要な原因であるので、環境政策はその原因に焦点を当て、経済部門の質的転換を課題とする。環境政策は、経済政策、社会政策との統合により、その実効性が確保される。政策分野間の統合戦略には、議会や政府による説明責任や手続きの明確化、報告義務やモニタリングか必要であり、制度化が重要な論点である。

第3の「協力ガバナンス」であるが、環境政策の形成・決定・実施・評価のプロセスに市民やNPO・NGO・環境団体、企業を含む多様な主体が参加することにより、環境政策の可能性と容量が拡大する。これには、政策プロセスの透明化と情報公開が前提条件である。

第4に、環境ガバナンスは、グローバルレベル、地域統合レベル（ヨーロッパ連合）、国レベル、自治体レベルという「重層的ガバナンス」である。ここでは、重層的な政府間の権限の「ゼロサム・ゲーム」ではなく、重層的政治により、より良い結果を導く「プラスサム・ゲーム」を目指す。また、国レベルでは、補完性の原則に基づく分権が、環境政策の容量を増加させ、自治体レベルにおける新たな政策開発を可能にし、環境政策の実施に柔軟性を持たせる。

簡単ながら環境ガバナンスに関係する研究動向に触れておきたい（詳しくは

各章を参照されたい)。環境政策に関しては、日本においてこれまで主要に環境経済学、環境社会学、環境法、環境倫理学のそれぞれの分野で研究が蓄積されている。環境ガバナンスに関しては、最初、環境政治学ないし環境行政学の観点からの問題提起が行われている（松下，2002.；松下，2007a.；坪郷，2009a.；坪郷，2013.）。さらに、植田和弘氏を代表者とする経済学、法律学、社会学、政治学の研究者による総合研究『持続可能な発展の重層的環境ガバナンス』（2006～2012年）の成果として「環境ガバナンス叢書」（全8巻、2009～2010年刊行、ミネルヴァ書房）が刊行されている（植田編，2010.；森編，2009.；室田編，2009.；高田編，2009.；浅野編，2009.；新澤編，2010.；諸富編，2009.；足立編，2009.；関連して刊行された長峯編，2011. も参照）。続いて、この総合研究の英文叢書（全3巻、2013～2014年）が刊行されている（Mori, 2013.; Murota and Takeshita, 2013.; Ueta and Adachi, 2014.）。ヨーロッパ・ドイツにおいては、ベルリン自由大学環境政策研究所の所長を長年務めたマーティン・イェニッケたちによる環境政治学からの環境政策の国際比較と環境ガバナンス（Jänicke and Jacob, 2007.; Jänicke und Jörgens, 2007.; Jänicke, 2012. など）に関する多くの研究がある。

環境ガバナンスの基軸である統合的環境政策に関しては、ヨーロッパでは、アンドリュー・ジョーダンやアンドレア・レンショウたちによる国際比較研究（Lenschow, 2002.; Jordan and Lenschow, 2008a. など）があり、日本では、環境経済学からの日欧の環境政策統合と環境交通政策に焦点を当てた日欧比較研究（森，2013.）、環境政治学からの環境エネルギー政策に焦点を当てた日独比較の研究（坪郷，2013a.）などがある。

さて、本書の導入として、第1章で「気候保護政策とパリ協定」を取り上げ、グローバルレベルにおける多様な主体が協力する環境ガバナンスの新たな体制の現状と課題について述べよう。第2章「持続可能な発展とは──エコロジー（環境）、経済、社会」では、環境政策の政策理念として世界に普及した「持続可能な発展」をめぐる重要な議論を取り上げる。第3章「エコロジー的近代化と統合的環境政策の理論」では、環境政策の始まり、統合的環境政策の理論的基礎となっている「エコロジー的近代化の理論」、統合的環境政策の原則と、統合的環境政策の4要因について述べる。第4章「持続可能な発展のた

めの戦略——EU、ドイツ、日本の事例」では、統合的環境政策を推進するための枠組の事例として、EUとドイツの「持続可能性の戦略」、日本の環境基本計画を取り上げ、さらに自治体レベルでは、ドイツのローカル・アジェンダ21、日本の環境自治体の事例について述べる。第5章「環境ガバナンスの理論」では、その4要素である、目標と結果志向のガバナンス、統合的環境政策、協力ガバナンス、重層的ガバナンスについて取り上げ、さらに国レベルと自治体レベルにおける「環境目標と環境指標」、「持続可能性目標・指標」について述べる。第6章「ドイツにおける統合的環境政策と環境ガバナンス」では、ドイツに焦点を合わせて、1970年代から現在に至る統合的環境政策から環境ガバナンスへの展開を跡付け、その特徴を述べる。最後の第7章「エネルギー政策と環境政策の統合——脱原発とエネルギー政策の転換への道」では、2011年の東京電力福島第一原発事故後の時期に焦点を当てて、ドイツにおける脱原発とエネルギー転換の事例、日本におけるエネルギー政策の転換の事例を取り上げ、環境ガバナンスの最先端であるエネルギー政策と環境政策の統合を論じる。ここでは、政府の政治的決定の重要性と、小規模・地域分散型エネルギー供給システムの構築のための市民主導、自治体主導の動きの両方に焦点を当てる。

　全体として、統合的環境政策と環境ガバナンスに関する重要な論点をカバーしながら、その理論と実際をめぐる議論を展開したい。

目　　次

はしがき

第1章　気候保護政策とパリ協定 —————————————— 1
1　パリ協定レジームへ　1
2　脱炭素化のための長期目標と法的義務のある国際条約　2
3　パリレジームの構成　5
4　市民社会組織、企業の参加とその役割　6
5　環境ガバナンスの重要性　7

第2章　持続可能な発展とは —————————————————— 9
　　　——エコロジー（環境）、経済、社会
1　「持続可能な発展」の再発見　9
2　持続可能な発展とは　11
3　エコロジー的持続可能性、経済的持続可能性、社会的持続可能性　13
4　「弱い持続可能性」対「強い持続可能性」　16
5　「バランスのとれた持続可能性」
　　　——福祉の増大をもたらす「成長」　18
6　持続可能な成長のための効率性戦略、首尾一貫性戦略、充分性戦略　20

第3章　エコロジー的近代化と統合的環境政策の理論 — 22
1　環境政策の始まり　22
2　エコロジー的近代化の理論　26
3　1990年代から2000年代にかけての日本の環境政策
　　　——第2の転換点　32

4　統合的環境政策の理論　　35

第4章　持続可能な発展のための戦略―――――41
　　　　――EU、ドイツ、日本の事例

　　1　ヨーロッパ連合の「持続可能性の戦略」　41
　　2　ドイツの「持続可能な発展のための戦略」　46
　　3　日本における環境基本計画と統合的環境政策　57

第5章　環境ガバナンスの理論―――――――――64
　　1　環境ガバナンスの構図　64
　　2　環境政策における「環境目標と環境指標」　69
　　3　国レベルの持続可能性の目標と指標　73
　　4　自治体レベルにおける持続可能性の目標と指標　83
　　5　持続可能性に関する「目標と指標」づくりの課題　87

第6章　ドイツにおける統合的環境政策と
　　　　環境ガバナンス――――――――――――90
　　1　統合的環境政策と環境ガバナンス　90
　　2　制度配置と政策専門家の役割　101
　　3　ドイツにおける環境ガバナンスの特徴　106

第7章　エネルギー政策と環境政策の統合――――109
　　　　――脱原発とエネルギー政策の転換への道

　　1　世界の転換点としての東京電力福島第一原発事故　109
　　2　エネルギー転換のドイツ・モデル　115
　　3　日本におけるエネルギー政策転換の課題　126
　　4　日本における市民主導、地域主導によるエネルギー政策
　　　　の転換　135
　　5　日本におけるエネルギー転換の道　143

　　　　　　　　　　　　　　　目　次

むすびに ─────────────── 146
　文献目録
　あとがき
　索　引

◇第1章◇

気候保護政策とパリ協定

1 パリ協定レジームへ

　2015年は、環境政策に関する重要な歴史的決定が行われた年である。12月12日朝、パリで開催された国連気候変動枠組条約第21回締約国会議（COP21）は、「パリ気候協定（パリ協定）」を採択した。それに先立って9月に開催された国連持続可能な開発サミットでは、「持続可能な発展のためのアジェンダ2030（持続可能な開発目標（SDGs））」（72頁を参照）が採択された。

　このパリ協定は、その成立まで難航したものの、京都議定書を締結した後の気候保護政策のための具体的な大きな成果である。1997年の京都議定書は、「共通だが差異ある責任」に基づき、まず先進国にのみ温室効果ガスの削減を義務付けた。そして、「先進国に対する排出削減の法的義務へのヨーロッパ連合（EU）の要求」と「その達成のための柔軟な市場メカニズム」との融合という特徴を持っていた。これに対して、パリ協定は、世界の平均気温の上昇を2度C（2℃）以下に抑えるために、すべての締約国が意欲的な削減目標とそのための行動計画を提出し、5年毎に国際的に評価される新たな体制をつくるものである。「気候変動の原因の確定、対象国の拡大、法的拘束力と自発的な寄与の組み合わせ、一連の規制ルールの策定」いずれの点でも、京都議定書の体制をさらに発展させ、新たな気候保護政策の国際的レジームを創出したという意味で「レジーム転換」と言われる（Harnisch und Tosun, 2016, 73, 79.）。京都

議定書レジームから、パリ協定レジームへの転換が行われたのである。このレジームとは、「特定の問題領域における規範やルールのセット」を意味する（山本, 2008, 34-35.）。さらに、このレジーム転換をもたらした国際交渉において、「非国家アクター」と言われる環境団体などの市民社会組織や企業が重要な役割を果たしている。市民社会組織や企業は、よりよい交渉結果が得られるように影響力を行使し、交渉結果を各国において受容するために重要な役割を果たす（Harnisch und Tosun, 2016, 84.; Fuhr und Hickmann, 2016, 89, 92.）。さらに、COP21の期間中に約700の自治体の代表者が参加する「自治体リーダーのための気候変動サミット」が開催され、「都市間連携の促進に向けたイニシアティブ」について合意がなされ、自治体や都市・地域の取り組みの役割が重要であることが明確にされた（Fuhr und Hickmann, 2016, 90-92.; 環境省, 2016, 16-18.）。

2　脱炭素化のための長期目標と法的義務のある国際条約

次に、パリ協定の重要な内容を見ておこう（Ekardt und Wieding, 2016, 36-57.; Proelß, 2016, 59-70.; Harnisch und Tosun, 2016, 74-79.; 高村, 2016, 33-36.; 環境省, 2016, 4-11.）。

第1に、今世紀後半に脱炭素化を目指す長期目標を定めたことである。工業化前と比較して、世界の平均気温の上昇を2℃以下の水準に抑え、さらに1.5℃以内に抑えるよう努力することを明記した。21世紀後半に、可能な限り早く世界の排出量のピークを迎えるという安定化目標を掲げている。脱炭素化とは、今世紀後半に温室効果ガスの人為的排出と人為的吸収（植林などによる）を均衡させるようにし、「排出を実質ゼロ」にすることを意味する。このことは、化石燃料から再生可能エネルギーへの転換を行うエネルギー転換を必要とする。この実現のために、この間、すでに、エネルギー効率の向上・省エネ化が行われ、世界で再生可能エネルギーが急速に拡大している。この際、政府による再生可能エネルギーの普及拡大のための制度とともに、自治体による取り組み、企業による取り組み、市民社会組織や市民による取り組みが不可欠である。

第2に、パリ協定は、法的義務のある「ハイブリッドな国際条約」である。

つまり「国内的には締約国による気候保護計画の優先と、国際的透明性の要請、コントロールメカニズム、排出量回収の増大についての法的義務を結合した（ダイナミックな有効性のある）」ものである（Harnisch und Tosun, 2016, 78.）。

　すべての締約国に対して、削減目標の作成・提出（締約国の「寄与」と表現されている）と、目標達成のための国内措置の実施を義務付ける。各国は長期目標に向けた全体の進捗評価の結果を指針にして、5年毎に目標を提出する義務がある。この目標は各国が自ら作成するが、この国別の目標は、「定例の専門家による評価」を通じて公式の評価を受ける。そして、5年毎の次の目標は現在の目標を上回る「可能な限り高い意欲的な水準の目標」でなければならない。また、2050年を目途にした排出削減の中長期戦略を作成し、2020年までに提出することが要請される。上記の「差異ある責任」に関しては、「京都議定書型の国別絶対排出量目標を約束し先導する先進国の責務」と「削減努力を継続する途上国の責務」の差を設けつつ、途上国も時間の経過とともに先進国と同様の排出削減・抑制目標へ向かうことを進める考え方をしている。達成は義務付けられていないが、目標達成のための国内措置は誠実に実施されることが義務付けられている（Ekardt und Wieding, 2016, 44-45.; Proelß, 2016, 62-63.）。

　このレジームは、とりわけ「長期的な信頼を保障する手続きルール」である。先進国、中進国、途上国が同様に、定期的に排出量の現状記録を提出することが義務付けられ、それにより、国の作成した削減目標が実際に守られているかを専門機関によって検証しうる。そして、先進国はその報告の作成において支援をしなければならない（Ekardt und Wieding, 2016, 55-56.; Proelß, 2016, 68-69.; Harnisch und Tosun, 2016, 78.）。つまり国連気候変動枠組条約の付属文書で分けられていた先進国と途上国の厳格な峻別から、「柔軟な分化システム」へ移行しうるものである。一方で国により策定される「気候寄与」を可能にする自己分化を設定し、他方、個々の国グループに具体的な特定のルールを定め、先進国は全経済を包含する絶対的な削減目標を要求され、途上国はそうした削減目標を「時間的余裕」を持って策定することのみを「奨励」される。新しい分化システムは、2℃以下達成を義務付けられ、しかし1.5℃にすることを目指すことを要求されるので、ある程度のダイナミズムを持つ。加えて、署

名国の相違する経済的社会的容量を反映させて2つの削減消失点を定め、まず、すべての国はその排出量の増大を止める「ピーク（排出量がもうこれ以上増えない時点）」を要求され、次にすべての国は人為的排出を自然的削減によりバランスをとる「総温室効果ガス中立」を義務付けられる。法的義務である削減義務に関して多くの国が疑念を持つため、もっぱら固有の策定目標の達成のための国の措置を要求されるが、しかしその実施と達成は義務付けられない。それゆえ、締約国は国の削減目標の策定とその遵守を監視することを義務付けられる (Harnisch und Tosun, 2016, 79.)。

第3に、パリ協定の行動分野の重点は、「気候変動の回避の分野と適応分野」の2分野である。気候変動によりすでに「損失と被害」が生じており、これへの「適応策」が重視される。「適応能力の促進、強靭性（レジリエンス）の強化、気候変動への脆弱性の低減」に関して、世界目標を定める。そのため、セバスティアン・ハーニッシュとジャレ・トーズンが述べているように、後述の環境政策における重要な事前予防原則と世代間公正の原則が言及されず、「回避とアフターケア」が前面に出されている (Harnisch und Tosun, 2016, 76-78.; Proelß, 2016, 66.)。

第4に、各国の排出削減や適応策に対して、資金供与など国際的にどのように支援するのかについては、資金供与国の拡大と差異化が規定された。先進国は途上国に資金を供与する義務を負うが、追加的義務は課せられなかった。他方、途上国は自発的に資金を提供できるが、これは法的義務ではない (Ekardt und Wieding, 2016, 52-54.)。

第5に、各国の排出削減策、適応策、支援策の進捗状況の検証のための透明な枠組がつくられる。

パリ協定の法的義務の柱となるのは、「すべての国による実質的な測定・報告・検証」である。排出量削減の目標を達成するために、京都プロセスの次の3つの政策手段が、「削減を2国で二重に計上しないようダブルアカウンティングの回避の確保」など新たなルールの下で、実施される。これは、京都プロセスの3つの市場メカニズムである「国際的排出量取引制度、共同実施、クリーン開発メカズム」である。温室効果ガスの削減・回避は、国の政府と自治

体政府（公的アクター）や企業（民間アクター）によって実施される。したがって、企業のような民間アクターが重要な役割を果たすには、多様な主体の協力による環境ガバナンスの仕組みが重要になる（Harnisch und Tosun, 2016, 77-78.; Proelß, 2016, 55-56.）。

なお、パリ協定の課題は、現在提出されている目標を積み重ねても協定の長期目標の達成に必要な削減水準に達していないことである。協定が実効的なものになるには、各国の目標の実施を確保し、目標の引き上げを可能にするメカニズムのための国際ルールの策定が必要である。

パリ協定は、採択から1年足らずの2016年11月に発効し、2017年11月のドイツのボンで開催されたCOP23からパリ協定の運用ルールづくりが本格化している。脱炭素化社会に向けて、2020年からパリ協定の下での気候保護政策が開始される。

3　パリレジームの構成

このように、パリ協定によって創出された国際的レジームは、従来の京都議定書プロセスに基づくレジームからの転換であり、京都レジーム――先進国に「限定された、しかし強力な義務的なレジーム」から、すべての締約国を対象とする「包括的であるが、しかしハイブリッドな義務付けの気候レジーム」への転換（Harnisch und Tosun, 2016, 74.）である。

パリレジームの構成としては、当初、「アメリカ合衆国と、中国・ブラジル・インドのような重要な途上国」が参加し、「一人当たり排出量の平均以上の国、現在平均以上の排出量国、将来排出量の全体に影響を与える国」が包括的に参加した。「歴史的集積的に見れば気候変動に責任のない重要な途上国」が参加したのである。パリ合意は、2014年11月14日の中国・アメリカ合衆国の合意から始まり、従来の大西洋両岸から地域的に拡大し、アジア・太平洋から決定的なインパクトを受けた。アメリカ合衆国と中国で、世界の排出量の50％以上を占める。途上国は、中国やインドのように、内政上、気候変動による環境被害への対応、技術移転による排出量の削減、経済成長と同時の排出量削減

を行わねばならないという理由もある (Harnisch und Tosun, 2016, 74-75.)。

　さらに、中国は、デンマーク、ドイツ、フランス、イギリス、インド、モロッコ、南アフリカ、トンガ、アラブ首長国連邦とともに、2014年に「エネルギー転換国クラブ」を設立している。

　2017年1月に、アメリカ合衆国（USA）大統領が、オバマ大統領からトランプ大統領に変わったことにより、トランプ大統領は、6月にパリ協定からの離脱を表明した。これに対して、ドイツ、フランス、中国など多くの締約国が、パリ協定の実行を明言している。さらに、アメリカ合衆国の内部からも、2017年10月の時点で、カリフォルニア州、ニューヨーク州、ワシントン州など15州と、多くの有力企業（州、都市、企業を合わせて2500以上）が、パリ協定の実施を表明している。USAのこの国際条約からの離脱には、3年の時間がかかり、今後の世界的対応が必要である。

4　市民社会組織、企業の参加とその役割

　ハーニッシュとトーズンは、パリ協定の政治学的分析を行う論文の中で、「国際的気候交渉への市民社会の参加の増大」を指摘している。各国の政府が気候交渉において中心的役割を果たしているが、他方、世界気候サミットである締約国会議（COP）では、政府間の催しのみならず、最初から「環境グループ、先住民組織、経済・産業の利益代表、学問・研究の代表者、労働組合、青年グループが参加する市民社会組織」による締約国会議に附随する多くの催しが実施されている。こうした催しは、政府アクターと市民社会組織の間の非公式の意見・知識交換のためのフォーラムを提供した。締約国会議では、むしろ市民社会組織の参加が量的に拡大し、政府代表団は少数派である。市民社会アクターは、国際的気候交渉に様々な形で影響を与えている。つまり、交渉するテーマに関して「解決提案を提示し、情報や専門知識を提供し、決定に直接影響を与え、必要な社会的、政治的問題意識を創出」する。また、採択された措置を実施するために寄与し、締約国会議の評価を行い、世論に影響を及ぼす (Harnisch und Tosun, 2016, 80.; Fuhr und Hickmann, 2016, 89-93.)。

とりわけ2009年のコペンハーゲンで開催されたCOP15では、市民社会の参加が注目に値するほど拡大した。ポーランドのポズナンCOP14では、市民社会による催し提案は、314であったが、翌年のコペンハーゲンCOP15では、782の提案が出され、その内579が開催された。さらに、パリCOP21では、1087の提案が出され、最終的に682が開催された（UNFCCC, 2016.）。このCOP21には、先進国からの市民社会組織のみでなく、途上国や中進国から多くのグループが参加した。パリが、当時テロの目標になり、警戒が強化され、一連の催しが中止されたにもかかわらず、催し物の数が多かったことは注目に値する（UNFCCC, 2016.; Harnisch und Tosun, 2016, 80-81.）。

なお、企業の取り組みとしては、「持続可能な開発のための世界経済人会議」や、低炭素経済を目指す企業グループ（We mean Business Coalition）、脱炭素社会の実現を目指す「日本気候リーダーズ・パートナーシップ」（www.japan-clp.jp）などがある。

5　環境ガバナンスの重要性

国際的な気候保護の会議を主催する政府の観点から、気候保護に関する国際交渉プロセスにおいて、特に市民社会組織の参加は、国際的な気候保護政策における正統性の基盤を与える機能があることは重要である。さらに、政府と共に、世界の市民社会組織によって「共同のビジョン」が発展することが可能になり、パリ協定を受けて、各国が取り組む気候保護のための計画の実施において、市民社会組織が重要な役割を果たすことが可能である（Harnisch und Tosun, 2016, 81-82.）。このように、国際交渉プロセスに、政府のみならず、多様な主体が参加することにより、その正統性がより高められる。気候保護に関する国際交渉で決まった目標の実施のための各国の計画の策定と実施において、国内の多様な主体が関わることが不可欠となる。つまり、目標志向、結果志向である、多様な主体が協力する環境ガバナンス戦略が要となる。

締約国は、ドイツのボンにある気候変動事務局に、国の気候保護政策を提出する。それぞれの国のこれまでの取り組みを踏まえて、排出量削減の目標を策

定し、気候変動への適応戦略が策定される。その際、目指す措置を実施するために必要な国際的支援策を述べることができる。国際的支援策は、「財政的支援、技術移転、容量の構築」などである。共通する点として、温室効果ガスの削減（回避）に関しては、「再生可能エネルギーの増大、エネルギー効率の向上・省エネ化、並びに広範囲な植林・再植林措置」が挙げられている。各国の気候保護政策が提出されることにより、良い意味での政策競争が働き、締約国間で、より良い政策の習得が生じる。つまり気候保護政策におけるイノベーションが成立する。このためにも、締約国では、気候保護への持続的な政治意志とともに、必要な行政能力を高め、多様な主体が協力する環境ガバナンスの形成が必要とされる。また、気候変動に適応する技術の移転と財政的措置を促進する多国間協力が必要である（Harnisch und Tosun, 2016, 82-83.; Ekardt und Wieding, 2016, 52-55.）。

　ハーニッシュとトーズンは、パリ協定の強さとして「理想的な場合は、不断に強化される意欲に基づく各国の自己義務と国際的情報提供義務の巧みな組み合わせ」があることを挙げている。しかし、他方で、弱点として、「財政化措置の未決定の部分があることと2020年までの柔軟な緩和目標、時間を固定した排出量のピーク（頂点）、気候責任問題が除外されていること、非国家アクターの役割が具体的に表現されていないこと」などの点を指摘している。いずれにせよ、こうした限界を乗り越えるためにも、多国間協力、地域における協力メカニズムが重要である（Harnisch und Tosun, 2016, 84-85.）。

　またパリ協定は、気候政策における締約国の義務として、経済成長と石炭消費の切り離しを明確にしているが、その保証が明確にされているわけではない。環境団体はこの点を重要課題と考えており、日本の気候ネットワークは、政府に対して脱石炭火力の提言を行っている（平田, 2016a, 85-88.; 平田, 2016b, 29-34.）。ドイツの環境団体は、脱原発に続いて期限を明確にした「脱石炭火力」の政治的決定を求めている。

　述べてきたように、パリ協定は、脱炭素化のための長期目標を定めた、法的な義務のある国際条約であり、締約国におけるその実施のためには、多様な主体が協力する環境ガバナンスの体制を作ることが重要になっている。

◇第2章◇

持続可能な発展とは
――エコロジー（環境）、経済、社会――

1 「持続可能な発展」の再発見

　1992年にリオ・デ・ジャネイロで開催された地球サミット以後、世界で「持続可能な発展（Sustainable Development）」という政策理念が定着している。この用語は、持続可能な発展ないし持続可能な開発、持続可能な社会、持続可能性（英語 Sustainability; ドイツ語 Nachhaltigkeit）というように、関連用語が多く、社会科学や自然科学の多くの分野で使用されている。さらに、この政策理念は、多義的であり、常に論争や、対立と緊張関係を伴っている。持続可能な発展は、多用されすぎており、多義的だけではなく、しばしば内容的に不明確であると批判される。そのため、まず、この用語が使われるようになった背景を見ておこう。この用語は、いつ、誰が、どのような目的のために使い始めたのであろうか。1992年に、この用語が急浮上して、注目されるようになったのはどのような理由からだろうか。
　歴史的にさかのぼれば、持続可能性は、ドイツ・ザクセンの上級鉱山長カール・フォン・カルロヴィツが、1713年に著書『Sylvicultula Oecknomica』の中で、「森林の『持続可能な利用』」という用法で、初めて使用している。彼によれば、持続可能な森林経済は、新しい植え付けにより木が成長する程度に従って、木を切るべきであるという原則に基づく。なぜ彼はこのような原則を述べるに至ったのであろうか。彼は、ザクセン鉱業組織の責任者であり、国家財政

にとって重要な金属鉱山と製塩所を維持するためには、エネルギーとして安定した木材供給が不可欠であった（Uekötter, 2014, 10.）。自然資源の持続可能な管理の概念は、当時、森林経済にのみ適応されたのではない。人間が「発明精神、労働投入、組織力」によって生産を行い、これからも行うため、常に自然に影響を及ぼす。生産やサービスに必要である資源やエネルギーは、基本的に自然から取り出される。大気、水、太陽光なしには、地球上のあらゆる生活は不可能である（Renn, Knaus und Kastenholz, 1999, 17.）。

　さて、持続可能な発展ないし持続可能性の現代的な用法は、国際的な専門家委員会とその報告書によってもたらされた。1980年に、国際自然保護連合、国連環境会議、世界野生生物基金による『世界自然資源保全戦略』で初めて使用された。関連して、ヴィリー・ブラントを委員長とする世界銀行南北委員会による報告書『南と北――生存のための戦略』が出されている（国際開発問題独立委員会, 1980.）。そして、日本が設置を提唱した「環境と開発に関する世界委員会」（通称ブルントラント委員会）によって1987年に出された最終報告書『私たちの共通の未来（原著書のオリジナルタイトル）』（World Commission on Environment and Development, 1987.; 環境と開発に関する世界委員会, 1987.）において定式化された。この報告書では、持続可能な発展は、「将来世代がニーズを満たす能力を損なうことなく、現在世代のニーズを満たす発展」であると定義された。

　このブルントラント委員会報告が出された前年の1986年は、ソ連（ウクライナ）のチェルノブイリ原発事故と、スイス・サンド社の化学工場の事故によるライン川の汚染が生じ、巨大技術の危険が顕わになった年であった。また1987年9月にオゾン層保護に関するモントリオール議定書が採択され、1988年に気候変動が環境、経済、社会に及ぼす影響について専門的知識を集約するために気候変動政府間パネル（IPCC）が設置され、地球環境問題が注目された時代であった。このような時代状況から、持続可能な発展という用語が注目され、政治課題として急浮上する。

　その頂点となったのは、ブラジルのリオ・デ・ジャネイロで「環境と開発に関する国連会議」が開催された1992年であった。国連で初の環境に関する国際会議は、1972年にスウェーデンのストックホルムで開催された国連人間環境会

議である。それから20年後に開催された会議は、地球サミットと呼ばれ、178カ国が参加、115人の首相や大統領が参加した。なお、日本の当時の宮沢喜一首相は、国会での国際平和協力（PKO）法案審議のため参加できず、国連文書として演説原稿を配布した。他方、世界から1万4200の環境団体が参加し、首脳会議と並行してNGO会議が開催された。

地球サミットでは、「環境と開発に関するリオ宣言」と「持続可能な発展・開発」の長期的目標を達成するための行動計画として「アジェンダ21」が公表され、その実施が推進されている。このプロセスでは、自治体の行動計画である「ローカル・アジェンダ21」策定の取り組みもあり、これとの関連でエコ・シティや「持続可能な都市」を目指す自治体間の国際会議や国際協力も行われている。

2　持続可能な発展とは

「持続可能な発展」について、ある程度共通する定義として、これまで次のような4点が議論されてきた。持続可能な発展は、第1に、「環境の質、大気の保全状態、自然資源の充足維持、生物の多様性など地球上の人間や自然に関するストックが減少状態」にならないことを前提にする（都留, 1994, 86.）。地球生態系には、鉱物資源、化石エネルギー、自然生態系・生物多様性などによる制約条件があり、地球が耐えうる容量の限界がある。これが持続可能性の基盤である。

第2に、この発展は「将来の世代が自らのニーズを充足する能力を損なうことなく、現在の世代のニーズを満たすような開発」である。O・レン、A・クナウス、H・カステンホルツ（Renn, Knaus und Kastenholz, 1999, 19.）が述べるように、この「世代間における公正さ」の問題は、「すべての世代が自らの生活スタイルと労働スタイルによって次の世代の活動の余地を決定する」ということにある。次に受け継がれる自然と文化の状態は、将来のニーズを満たすのに使える潜在力によって決定されるのであり、持続可能な発展の目標は、この潜在力の維持にある。

第3に、この発展は、地球上に人間らしい生活を実現するという意味で、南北間の格差をなくすことを含んでいる。「世代内公正」という目標である。世界の所得格差は、国連開発計画（UNDP）によれば、ますます拡大しており、上位20％の所得の高い層と下位20％の所得の低い層との格差は、1960年の30対1から、1997年の74対1と倍以上になっている。この点から、これまで北の先進国が公共財としての地球の天然資源を大量に消費してきたことも含めて、先進国の援助を基盤にした南北間の協力が重要である。発展途上国における貧困の問題は環境の問題と結びついている。つまり、世代内においても、「すべての人間に対して財の分配における機会の平等」が確保されねばならない。

　レン、クナウス、カステンホルツ（Renn, Knaus und Kastenholz, 1999, 27-28.）は、「世界的な規模での公正な所得配分はまさしく将来世代に対して生活の機会の公正な配分の前提条件」であると述べ、世代間の公正さと世代内の公正さの統合が課題であるとしている。また、「21世紀は環境の世紀」と主張するエルンスト・U・フォン・ヴァイツゼッカーは、「なぜ、最初に『北』から行動しなければならないのか」（ヴァイツゼッカー, 1994.）と問題提起を行うことにより、地球の天然資源を大量に消費してきた先進工業国の歴史的責任を問い、北にとっても、南にとっても、自己選択が可能である新しい発展モデルを先進国において形成することを提案している。

　第4に、持続可能な発展を具体化するために、持続可能性を、エコロジー（環境）、経済、社会の3分野の統合問題と考える（von Hauff und Kleine, 2009, 17-24.; Pufé, 2014a, 120-125.）見方が定着している。つまり、環境問題の原因は市場経済にあり、また環境問題や経済問題は社会問題と関連している。この3者の統合を行う環境政策を統合的環境政策（あるいは環境政策統合）という。例えば、環境政策とエネルギー政策とを統合する環境エネルギー政策は、環境適合性をエネルギー政策の目標に組み込むことによって、エネルギー政策の転換を行い、持続可能な発展への移行を推進するものである。この持続可能な発展への移行プロセスを推進する運営体制が環境ガバナンスである（OECD, 2002.）。環境ガバナンスでは、多様な主体の参加が重要であり、国の政府、自治体政府のみならず、環境団体や市民活動団体・協同組合などの市民社会組織や、企

業・経営者団体が、主体としてそれぞれの役割を果たす。

この理念では、都留重人（都留, 1994, 86.）が述べるように、自然の浄化力や自然資源の保全など地球生態系という制約条件を明らかにした上での人類の主体的な対応が問題となっている。全体として、これまでの大量生産・大量消費・大量廃棄の発展方式を根元的に問うものであり、先進工業国の産業社会システムの転換、つまり持続可能な発展を実現するための移行プロセスを推進する環境ガバナンスの形成を必要とする。「サスティナブル・ディベロップメント（Sustainable Development）」は、日本でも「持続可能な発展」と訳されているが、先に述べたように、都留は、この「制約条件」があることから考えて、日本語では「維持可能な発展」と訳すことを提案している。

図2-1　持続可能性の統合三角形

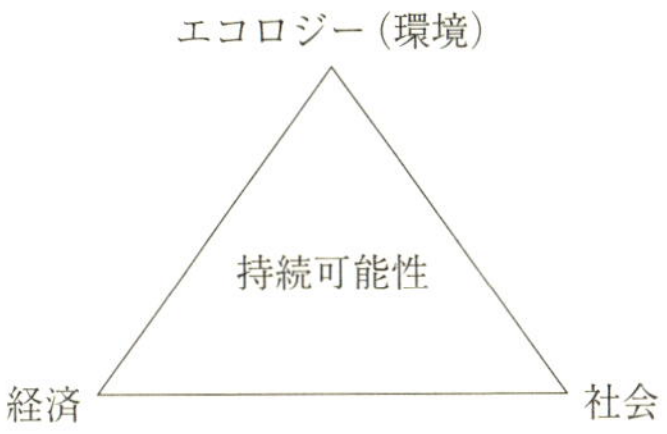

（三角形：頂点＝エコロジー（環境）、左下＝経済、右下＝社会、中央＝持続可能性）

3　エコロジー的持続可能性、経済的持続可能性、社会的持続可能性

持続可能な発展では、エコロジー的持続可能性、経済的持続可能性、社会的持続可能性という3つの持続可能性の側面の同時的実現が目指される。次に、フォン・ハウフとクラインに従って、それぞれの側面について、簡単ながら見ていこう。

「エコロジー的持続可能性」のためには、「人間とその自然的生活基盤との関係」を定義し直すが必要がある。資源・エネルギーの消費のような人間による自然利用や大気・水・土壌への汚染は、エコロジーシステムに対する負荷を増大させ、人間、特に次世代に対してますます脅威をもたらす。自然は、経済的利用の側面のみならず、「生活空間として、あるいは余暇の場所としての側面」を持っている。そのため、「エコロジー的持続可能性は、エコロジーシステムの維持ないしエコロジー的資本ストックの維持を目指す」。そして、経済の持続性は、「経済とエコロジーシステムとの相互作用に依存」しているので、経済システムのみでは持続的ではありえない。つまり、エコロジーシステムは、

人間による排出の吸収媒体としても、自然資源の源泉としても必要である。なお、「いつその利用の最適状態に達するか」は、環境経済学において意見が分かれている（von Hauff und Klein, 2009, 17-18.）。

「経済的持続可能性」の目標は、「時間の進行の中で十分なないし必要とする生活の質の維持」である。そのためには、持続的でない「現存の生産方法と消費スタイルの基本的変更を必要とする」。「望ましい生活の質には、物質的生活の基盤の維持と並んで、非物質的生活の基盤の維持が必要である」。(von Hauff und Klein, 2009, 18-19.)

古典派経済学の成長理論の核心的主張は、「長期的均衡において一人当たりの成長の上昇はもっぱら技術革新により可能になるというものである」。しかし、ローマクラブの『成長の限界』報告（D・H・メドウズ, D・N・メドウズ, ラーンダズ, ベアランズ三世, 1972.）が出されて以来、成長率の上昇の必要性をめぐって激しい論争がある。さらに、ブルントラント委員会の報告は、特に貧困との闘いのために、「技術進歩と経済成長」の重要性について強調している（World Commission on Environment and Development, 1987.; 環境と開発に関する世界委員会, 1987.）。成長の必要性は、途上国の貧困との闘いの文脈のみならず、産業国の世代間公正の実現のために必要である。このことは、技術進歩がどのように労働という生産要素、人工資本、自然資本の利用に影響するかという問題に関係している。つまり、成長は長期的に環境の過剰負荷を導くが、環境志向の技術進歩を通じて、成長と「自然資本の利用ないし受容としての自然」とを切り離すことが可能である。さらに、この成長と資源・エネルギーの消費量の「切り離し」は、技術革新と並んで、「社会的制度的イノベーション」によって強化されうる（von Hauff und Klein, 2009, 19-20.）。この切り離しによって、経済成長が行われても、資源・エネルギーの消費量はイノベーションによって増えないか、減少することになる。

エコロジー経済学の代表者であるデイリーによれば、「経済成長すなわち指数関数的成長は、持続可能な発展の理念に適合しない」。しかし、「定常状態の経済は、基本的にいかなる成長も可能にしない静止した経済ではない」。デイリーによっても、「むしろ生産物のストックは、一時的に上昇しうる」（von

Hauff und Klein, 2009, 20.）。持続可能な発展にとって、経済成長は重要な意味を持っている。

このようなエコロジー的持続可能性と経済的持続可能性に加えて、「社会的持続可能性」、さらに「ソーシャル・キャピタル（社会関係資本）の維持」が注目されている。ただし、社会的持続可能性に関しては、他の2つの持続可能性と比較して、従来は内容的に十分に議論されていない（von Hauff und Klein, 2009, 20.）。

「社会的持続可能性」に関してはいくつかのアプローチがある。まず「社会的基本ニーズを保障する構想」では、「社会的基本財への公正なアクセス」が保障されることが問題である。これにより、社会的弱者や社会的に脆弱なグループが、「受動的な立場」から脱出し、自尊心が保障され、「価値を認められ自己決定する生活を自ら設計できる」ようにエンパワーメントを行うことが可能になる（Von Hauff und Klein, 2009, 20.）。「寛容、連帯、統合能力、包摂、公共の福祉志向、法的・公正意識のような社会的資源」もこれに属する（Pufè, 2014a, 107）。フィッシャー＝コワルスキーによれば、「社会的持続可能性の本質的な目標」は、「地域間、社会階層、性、年齢グループの間の分配問題の受容しうる解決、帰属者の文化的統合・アイデンティティ問題の解決」が行われ、「社会平和の維持」が実現することである（von Hauff und Klein, 2009, 21.; Pufè, 2014a, 108）。

次に、「ソーシャル・キャピタルの構想」からのアプローチがある。ソーシャル・キャピタルは「社会的ネットワーク（人々のつながり）、信頼、互酬性」を促進する価値・規範のストック（坪郷, 2015, 1.）を意味する。これは、ソーシャル・キャピタルの次のような4つの次元、「社会的統合、地域社会の中の水平的社会的結合、政府と市民社会の関係、政府制度の質」に関係している。つまり、「透明でみんなが均等に扱われアクセスできる法システムと、機会均等が保障される経済秩序」があることである（von Hauff und Klein, 2009, 21-22.）。また、総合的な福祉が保障されるという意味で、「幸福」研究も関係している。こうしたソーシャル・キャピタルの次世代への移譲は、限定的にのみ可能であるため、すべての世代は、自らそのソーシャル・キャピタルを構築

しなければならない (von Hauff und Klein, 2009, 22-23.) のである。

4 「弱い持続可能性」 対 「強い持続可能性」

次に、これまでの持続可能な発展をめぐる論争を振り返ってみよう。この「持続可能な発展」については、これまで多くの定義が行われている。1991年に少なくとも40の定義があり、カステンホルツたちが、1990年代半ばに数えたときにすでに60以上の定義が行われていた (Steurer, 2001, 537.)。それは、この理念が多義的な内容を盛り込むことを可能にする包括的な理念であるからだが、逆にそれだけ曖昧な概念であるとも言える。

持続可能性をめぐる論争では、大きくは「強い持続可能性」の見方と「弱い持続可能性」というその目標が異なる2つの見方がある。

第1に、「弱い持続可能性」の見方は、新古典派経済学の中から生まれたものであり、「技術進歩、投入する生産要素の高効率の可能性」に基づいている。持続可能性と経済成長との調和が可能であり、環境問題の解決には経済成長が必要であると考える。ここでは、自然による成長の限界は重要な役割を果たさない。エコロジー的福祉の側面が相対化される「人間中心的な見方」である。新古典派経済学の主流との違いは、自然を生産要素としても、福祉の源泉としても考えるという点にある (Steurer, 2001, 551-554.; Steurer, 2002, 262-266.)。

この立場からは、自然資本、人間の作り出した人工資本、人間資本の総額である全体資本が恒常的に維持されるか、増大するときに、発展が持続可能であると考える。ここでは、「自然の維持」が重要なのではなく、「総福祉の保障ないし向上」が重要である。したがって、成長の極大化のためには、エコロジー的限界よりも、経済的限界が問題となる。再生可能な資源と再生不能資源との間の区別はされず、自然資本が人工資本と人間資本によって代替されうると考える (Steurer, 2002, 263.)。個人ないし世代にとって、いずれの時点でも同じ範囲でニーズを満たしうるものでなければならない。(von Hauff und Seitz, 2012, 183-184.)。ラインハルト・ストイラーは、「成長楽観主義」と特徴づけている。例えば、地球温暖化問題について、この立場によれば、温暖化防止は、そのコ

ストが温暖化による損害ないし修復・補償費用よりも少ないときに、意味のあるものである。コスト効用分析が必要なのである（Steurer, 2001, 551-554; Steurer, 2002, 262-266.）。

第２に、「強い持続可能性」の見方は、「エコロジー経済学」に基づく。これによれば、自然資本は他の資本で代替することは不可能であり、持続的に維持することが必要である。経済は、エコロジーシステムのサブシステムであり、資源利用と自然による吸収容量に依存する。経済成長は長期間にわたって可能ではない。経済成長に代わって、物質とエネルギーのフロー（使用量）と国民総生産に関して、「定常経済」が要求される。これは脱物質化によって可能となる。しかし、これは停滞を意味しない。むしろ、生物圏の利用の限界があるところでは、新たな道を見つけることである（von Hauff und Seitz, 2012, 184-185.）さらに、現存の経済パフォーマンスのエコロジー的修正のために環境政策の必要性を強調する。「（成長を）断念する倫理」の文脈において充足性戦略を強調し、グローバルな問題思考・問題解決の見方から出発する。この見方は、自然資本の維持を第１に考える「エコロジー中心的見方」である（Steurer, 2001, 554-556.; Steurer, 2002, 266-269.）。

周知のように、1970年代に、「成長の限界」をめぐる議論がすでに展開されているが、その時は「成長の限界」があるのか、「（最小限に修正された）質的な成長パラダイム」が可能なのかが、対抗していた。この「成長の限界」論を受け継ぐのが「強い持続可能性」であり、「質的成長パラダイム」論を受け継ぐのが、「弱い持続可能性」である。

レンらも、「強い持続可能性」と「弱い持続可能性」について議論しながら、「持続可能な発展」を目標とした「質的成長」の３段階シナリオ（Renn, Knaus und Kastenholz, 1999, 38-40.）を描いている。それは、第１段階として「国内総生産あたりの環境利用率の削減」を行い、第２段階として「人口一人あたり資源投入量の削減」を実施し、第３段階として「グローバルなレベルで環境消費量の削減」を行うというシナリオである。

「弱い持続可能性」の立場と「強い持続可能性」の立場は、相対立するものであり、その調整は容易ではない。ストイラー（Steurer, 2001, 542-551.; Steurer,

2002, 260-262, 269-271, 283-293.）は、「強い持続可能性」と「弱い持続可能性」の間にある「バランスのとれた持続可能性」の立場を提起している。この見方によれば、環境政策により産業社会の構造転換を行い、福祉の増大をもたらす「環境適合的な持続可能な成長」が可能である。オランダの「環境研究研究所」によっても、「強い持続可能性」と「弱い持続可能性」に対して「バランスのとれた持続可能性」という混合形態が区別され、世界銀行も、「センシブルな持続可能性」という第3の形態を区別している。

5 「バランスのとれた持続可能性」——福祉の増大をもたらす「成長」

「バランスのとれた持続可能性」の立場は、「全資本のみを恒常的に維持するだけではなく、自然資本の限定的な代替可能性に基づいて少なくとも決定的な要素を恒常的に維持しなければならない」ということから出発する（von Hauff und Seitz, 2012, 186-187.）。この立場では、「現在の世代及び将来の世代の基本的欲求の充足」と「生活の質の改善」に重点があり、従来の「成長」の概念に新しい質を付与する。これは、従来の発展とは異なる道が可能であり、環境政策を通じて産業社会をつくりかえるものである。その可能性を拓くのは、持続可能性を実現するための新たな技術の開発や発展にある。

ストイラーの整理している「バランスのとれた持続可能性」に関する論点を見ておこう（Steurer, 2001, 542-551.; Steurer, 2002, 260-262, 269-271, 283-293. ;von Hauff und Seitz, 2012, 186-187.）。

①現在の世代と将来の世代の基本的欲求の充足と生活の質の改善に重点を置いているので、エコロジー的人間中心的概念である。したがって、「ゼロ成長か、成長促進か」が問題ではなく、「福祉の増大」が発展の尺度である。

②環境問題は、従来の経済発展の帰結であるが、経済成長と環境の質についての目標は調和しうる。これは、成長の限界は絶対的なものではなく、経済的のみならず、エコロジーに適合的である従来とは違った成長・発展の道がありうる。つまり、成長の概念と質を変える、エコロジーの観点から

の産業社会の再編が可能である。

③この成長の新しい質には、エコロジー的目標のみならず、倫理的、社会的、開発援助の目標が含まれ、これは、所得、福祉、並びに環境利用と環境費用の分配における世代内公正と世代間公正という要求である。この場合、「自然資本」（再生可能なものと再生不能なものに分かれる）、人間によってつくられた技術や制度からなる「人工資本」、知識と技術を使いこなす「人間資本」の3つの資本が区別される。

④資源の消費の増大を伴わない成長、つまり成長と環境消費の増大の切り離し（資源生産性の引き上げ）は、市場経済のみによっては達成されず、効果的な環境政策を通じて達成されうる。環境政策は、1980年代に固有の政策領域から漸次、全政策領域に統合された統合的環境政策へ発展してきた。

⑤自然資本（自然資源）の持続可能な利用については、先駆者デイリーによる次のような3つの管理ルールが考えられる。第1に、排出は環境媒体（水、大気、土壌）の許容範囲において行われるべきである。第2に、再生可能な資源の利用率は、再生率を超えるべきではない。第3に、再生可能でない資源（化石エネルギーや鉱物）は、持続可能な原則にとって特別の問題を持っている。これは、遅かれ早かれ再生可能なものによって代替されねばならない。

⑥技術の発展（への期待）により、自然資源の完全なあるいは限定的な代替可能性が確保される必要がある。

⑦自然による成長の限界はあるが、新しい知識や技術の発展によりこの限界を拡げる可能性はある。

⑧持続可能な発展の客観的な指標が必要である。

このようなバランスのとれた持続可能性は、「選択的成長」の出発点となる。この場合、すでに見たように、エコロジー的持続可能性、経済的持続可能性、社会的持続可能性それぞれに適合し、この3側面の相互補完性が重要である（von Hauff und Seitz, 2012, 186-189.）。持続可能な成長には、社会的資源の維持が不可欠である。社会にとって重要な社会的資源である「連帯、信頼、透明性、統合、機会の平等、社会的公正、教育、法的信頼性の維持と改善」が行われ、

そのために「社会的ネットワークと地域社会、公正な所得・財産分配、安心な扶養・配慮の可能性、公共財への均等なアクセスと実現可能性」が寄与する。これらが保障されない不公正な分配を導く成長は、持続可能ではない（von Hauff und Seitz, 2012, 188.）。

6　持続可能な成長のための効率性戦略、首尾一貫性戦略、充分性戦略

こうした持続可能な成長への移行のための戦略として、効率性戦略とともに、首尾一貫性の戦略と充分性の戦略の必要性が議論されている（Huber, 1995, 123-160.）。効率性の戦略は、資源効率性・資源生産性の観点から、現存の生産物を見直し、一方では再生率を維持し、他方では代替物を発見することにより非再生可能な資源の利用の減少を行う。このことはエコ効率性に寄与するが、限界があり、資源利用に高い効率性があるにもかかわらず、結果として資源消費の増大が起こりうる。「リバウンド効果」と言われるが、効率を高める技術を基礎にして、生産と消費が上昇すると、全体として環境への負荷は増大する。資源生産性が高まると相対的に資源価格は低下し、家計の実質的購買力が増大する。低価格の燃料は、ナビゲーション・システムとも相まって自動車の乗車距離を延ばすことになる。このことは、「高効率のための技術進歩」のみでは完結せず、それを補完するものとして「全体的消費量の削減目標の設定」と「生活スタイルの刷新」を必要とすることを示している（von Hauff und Seitz, 2012, 189-190.）。生産モデルの転換、生活スタイルの転換が行われる方向を明確にするには、効率性の戦略に加えて、次のような首尾一貫性の戦略、充分性の戦略が必要である。

効率性の戦略は、資源生産性の向上を前提にし、こうした3つの戦略の要である。この効率性の戦略は、グローバルなレベルにおける世代間公正と、危機防止に寄与する。イノベーテイブな資源節約的技術の発展途上国への移転により、貧困が減少し、エコシステムの維持に寄与する。首尾一貫性の戦略は、人間活動からの物質・エネルギーの流れが自然生態系の流れに適合することを意味する。この意味で、イノベーションを通じて、長期的に生産モデル、生活ス

タイルの転換を目指す。この首尾一貫性の戦略は、政府の政策制度により実現し、経済的社会的側面に影響を与える。現存の生産物やその成立過程が持続可能な財と生産により置き換えられ、有害物質が削減され市民の健康が改善され、非再生可能資源の利用の削減が行われ、コスト削減の生産が可能になる。さらに、充分性の戦略は、エコロジー的負担限界と共に、経済や経済成長にとっての社会的適合範囲を定める。「資源消費・環境消費の削減が、満足な（『充分な』）生活に適合する」(von Hauff und Klein, 2009, 38.) 充分性の戦略は、税制による誘導、基本条件の変更、適合的インフラの支援により、従来の生活スタイルの転換を促す。資源集約的な財やサービスの断念や節約により、リバウンド効果を抑えうる（von Hauff und Seitz, 2012, 191-194.)。

　フォン・ハウフとクラインは、いくつかの具体例を挙げている。例えば、新型冷蔵庫は、15年以上古いモデルよりもより効率的であり、首尾一貫性もある。しかし、容量が大きくなり便利さが追求されると、充分性に適合しない。また、冷凍庫付きでなければ、充分性は満たされる（von Hauff und Klein, 2009, 39-40.)。

　このような観点から、個別の政策を検証し、全体として政策の実効性を確保することが肝要である。

◇第**3**章◇

エコロジー的近代化と統合的環境政策の理論

1 環境政策の始まり

1 いつ、なぜ、環境政策は成立したのか？

　環境政策は、その政策目標として、環境保護、自然保護、アメニティ（景観など）と大きく3分野を挙げることができる。しかし、環境政策は、従来それぞれ関連する政策分野に分かれていた政策を統合することにより、新しい政策分野がつくられた。環境政策の歴史は比較的新しく50年くらいである。では、環境政策は、いつ、なぜ、成立したのだろうか？
　1960年代末から1970年代初めにかけて、環境問題は、特定の地域に発生する「地域問題」から、地球規模で起こり世界の国による対応が必要な「地球環境問題」として新たに認識された。環境問題に関するこの新しい認識こそが、世界において、各国において、環境政策という新しい政策分野の成立を促したのである。まさしくこの時期、1972年6月に国連として初めての環境に関する国際会議である人間環境会議がスウェーデンのストックホルムで開催された。これにより地球レベルにおける政治的対応が始まった。また、この環境政策が成立した1970年前後は、新しい環境団体が誕生し、1968年に設立されたローマクラブのような科学者や専門家による活動が活発になった時期である。ローマクラブは、1972年に『成長の限界』レポート（D・H・メドウズ, D・N・メドウズ, ラーンダズ, ベアランズ三世, 1972.）を公表した。同書では、「資源が非再生可能な

ものであることにより、人間の行動可能性には、限界がある」ことが、データ分析により明らかにされ、「限りなき経済成長」への根本的な批判がなされた（以下の各国及び国際的動向についてはRadkau, 2011, 124-133を参照。）。

　環境政策に関して早期に制度的対応を行ったのは、スウェーデンとアメリカ合衆国（以下、USAと略する）である。スウェーデンでは、専門家によって酸性雨による森林、河川、農作物への被害が指摘された時期にあたり、専門官庁として1967年に環境保護官庁を設立した。翌年1968年に、スウェーデンは、環境問題に関する国連会議の開催を提案し、第23回国連総会で採択された。

　他方、USAでは、1960年代初めから自然保護運動が広がり、シェラクラブなどの自然保護団体が影響力を持っていた。USAは、1968年に連邦環境政策法（NEPA）を制定し、1970年に環境保護庁（EPA）を設立した。1970年4月22日には、最初の「アースデイ（地球の日）」が開催され、ワシントンで約1万人が参加し、世界で2000万人が参加した。なお、アースデイは、1990年からの10年間を「地球環境の10年」と位置づけ、日本でも各地で毎年開催された（アースデイ）。さらに、国際的環境団体「地球の友」が、1969年9月にUSAにおいてデビッド・ブラウアーにより設立される。その設立の重要な理由は、既存の環境団体シェラクラブが原発計画に反対することを拒否したからである。ブラウアーは、「グローバルに考え、地域で行動する」（Radkau, 2011, 143.）という環境運動の有名なスローガンを提唱した。

　国際機関の動きとして、1949年から人権・デモクラシー・法の支配の分野で活動しているヨーロッパ審議会が、後に環境政策の原則として定着する「汚染者費用負担の原則」に基づく「水質憲章」と「ヨーロッパ大気浄化憲章」を採択した。この原則は、環境被害のコストは、納税者（税金）ではなく、汚染者が支払わねばならないという原則である。そして、ヨーロッパ審議会は、1970年を「ヨーロッパ自然年」とすることを表明した。また、経済開発機構（OECD）は、1968年以来、環境保護に関する研究や勧告を出し、1970年に環境委員会を設立した。

　さて、USAやスウェーデンの影響を受けて、西ドイツの環境政策は、突然、ヴィリー・ブラント社会リベラル連立政権により「上からの環境政策」として

開始された。この動きは、具体的な環境危機のインパクトや環境運動の直接的圧力の下で生じたものではなかった。1969年秋の社会民主党（SPD）と自由民主党（FDP）の連立交渉において、ハンス＝ディートリッヒ・ゲンシャー（FDP）は、内務省に他の省から「水質保全、大気浄化、騒音防止」の権限を移管することに成功した。その時、ドイツ語では環境保護の用語はまだなく、英語の environmental protection（環境保護）のドイツ語訳として Umweltschutz（環境保護）が採用され、「環境保護局」と命名された。当時新しく創出された環境政策の担当は、内閣でも強力な権限のある内務省に置かれ、ゲンシャーが内務相に就任した（Hünemörder, 2002, 55.）。

日本では、1960年代に公害問題に対する公害対策が行われたが、対処療法型のものであった。公害対策は不十分なままであり、公害反対運動が活発になり、1967年に新潟水俣病の被害者による訴訟が起こされ、同年に四日市公害訴訟、1968年にイタイイタイ病事件訴訟、1969年に熊本水俣病訴訟が起こされた。この時期に、1967年の公害対策基本法の制定、1970～1971年に新たな公害法制を制定した公害国会を経て、1971年7月に担当官庁として環境庁が発足した。しかし、日本では、厚生省の廃棄物行政や建設省の下水道行政は環境庁に移管されなかった。他方、1973年までに四大公害訴訟の勝訴判決が出され、これにより「人の命や健康は企業の経済的利益に優先されるべきとの考え方」がようやく認められた。しかし、日本はオイルショック後、経済的観点から省エネ技術の発展で成果を挙げたものの、その後、公害問題への対応は基本的に後退し、この時期の大きな課題であった環境アセスメント法の制定に向けての動きは挫折している。

2 環境先駆国と「環境政策のグローバリゼーション」

1980年代から1990年代にかけては、国際的に見て、ドイツ（1990年の統一ドイツの成立までは、西ドイツ）、オランダ、北欧諸国、EU――1993年10月まではヨーロッパ共同体（EC）――が、環境政策の政策開発において先駆的役割を果たしてきた。例えば、西ドイツのエコマーク（ブルー・エンジェル）の導入、オランダの環境政策計画、1990年代前半の北欧諸国、後半のドイツにおける環境税の

導入、西ドイツ・フランス・EU の「廃棄物の発生抑制・容器包装回収リサイクル制度」、西ドイツの循環型経済・廃棄物法、ドイツの再生可能エネルギー固定価格買取制度、EU における企業の環境マネージメント制度（EMAS）、EU の化学物質規制（REACH）など、が挙げられる。

　また、スウェーデンなどで脱原発政策がとられてきたが、後に述べるように、ドイツ・シュレーダー「赤と緑」の連立政権において、脱原発法が制定された。

　環境政策の開発において、それぞれの時期においてこのような環境先駆国が果たした役割が大きい。環境先駆国が開発した新しい政策・制度を、世界的に普及させるメカニズムが形成されてきた。このこととの関係で、マーティン・イェニッケは、「環境政策のグローバリゼーション」について議論している（Jänicke, 2003, 137-145.; Vgl. Tews und Jänicke, 2005.）。これは2つの方向で進展してきた。第1に、オゾン層の破壊、地球温暖化、種の多様性の維持など地球環境問題への対応のため、国際的な問題解決のメカニズムとして「国際的レジーム」ないし「環境ガバナンス」が形成されている。この国際的レジームは、例えば、多国間で基本的な原則や目標と協力のためのメカニズムを盛り込んだ枠組条約を締結し、その後、締約国間の議定書によって具体化していくものである。具体例として、オゾン層保護に関するウィーン条約による締約国会議や、気候変動枠組条約に基づく締約国会議がある。このようなグローバリゼーション（地球一体化）の動きの中で、環境政策の開発における国の新しい役割があり、市民の環境団体である非政府組織（NGO）の役割も大きい。

　第2に、OECD や世界銀行、世界貿易機関（WTO）が、環境政策に取り組むことによって、既存の国際機関のグリーン化が行われている。例えば、環境政策における先駆的な政策開発が、OECD 諸国間で急速に波及するという国際的普及メカニズムが働いている。この例は、1967年以降の環境省の設置、1978年以後の環境マーク（エコマーク）の導入、1989年以後の環境計画の急速な普及などが挙げられる（Tews und Jänicke, 2005）。また、関連して、ウド・E・ジモーニスらによって、既存の環境関連の国際機関を再編して「地球環境機構」を設立すること、安全保障理事会のように権限のある「地球環境評議

会」の設置が提案されている（Simonis, 1999, 100-106.; Biermann und Simonis, 1999, 26-36.）。

このような動きは、「環境保護は経済発展の阻害要因ではなく、むしろ経済的成果の前提となるものである」こと、経済発展と環境保護という2つの要因を結合することが「持続可能な発展」を可能にすること、さらに、汚染物質を排出時に除去する末端処理技術から生産システムの転換を促す環境適合的なシステム技術の発展が重要であること、という認識が浸透した結果である。このような点は、ヨーロッパにおいては、「エコロジー的近代化」からさらに「エコロジー的構造改革」（M・イェニッケ）をキーワードとして議論されてきた。次に、エコロジー的近代化の理論について述べよう。

2　エコロジー的近代化の理論

1　エコロジー的近代化とエコロジー的構造改革

1980年代半ばに、イェニッケ（Jänicke, 1984.）、ヨーゼフ・フーバー（Huber, 1985.）、ジモーニス（Simonis, 1985.）たちドイツの研究者によって、エコロジー的近代化の議論が、エコロジーと経済を、イノベーション（技術革新）を媒介にして統合する戦略として提起され、現在は国際的に広がっている。1998年のシュレーダー「赤と緑」の連立政権の成立時に、社会民主党と緑の党との間で締結された連立協定「出発と刷新——21世紀へのドイツの道」（SPD und Die Bündnis 90 / Die Grünen, 1998）において、次のように述べられている。連立政権の目標は「持続可能な、すなわち経済的に業績能力のある、社会的に公正な、エコロジー適合的な発展」であり、「新しい生産統合的な、環境破壊の原因の解決のために投入されるテクノロジーや方法、イノベーティブな生産物やサービスの発展と導入が、将来性のある雇用の創出に寄与する」。そのようなエコロジー的近代化が「新しいテクノロジー政策と産業政策の重点になるべきである」。

さらに、ドイツの環境問題専門家委員会は、『2002年の環境鑑定書——新しい先駆的役割のために』（SRU, 2002, 74-75, 84-85.）において、技術革新による

「エコロジー的近代化」は、コスト削減とその効果によって、エコロジーと経済の両方に利益をもたらす「ウィン・ウィン解決」であると述べ、イェニッケの以下の議論を引用している。エコロジー的近代化は、環境イノベーションのみに関係するのではなく、広がりを持っている。それは、事後的な環境技術（装置末端処理技術）や単なる修復的措置を乗り越えるものである。それは、漸進的イノベーション及び急激なイノベーションを含み、方法や生産のイノベーションに関係する。改善の可能性は、資源効率性、エネルギー効率性、効率的輸送あるいは装置・物質・生産物におけるリスクの軽減をカバーし、間接的に廃棄物の削減、汚染物質の排出抑制に関係するものである。これとの関連で、政府による環境規制が、環境関連のイノベーションを促進するという積極的効果のメカニズムがあることが指摘されている。

しかし、政府の環境規制を起点にする市場メカニズムを通じてのイノベーションによる環境問題の解決である「エコロジー的近代化」には、限界がある。これは、従来解決されていない「持続する環境問題（persistent problems）」、例えば、土地利用、種の喪失、核廃棄物の最終貯蔵所の問題の存在に示されている。そのため、エコロジー的近代化と並行して、後に述べるようなエコロジー適合的な産業政策を通じて、現在の産業社会を構造的に転換する「エコロジー的構造変動」を行うことが必要である。ただし、これには、社会的、経済的に受容される戦略が必要になる。

次に、「エコロジー的近代化」の成り立ちと、「エコロジー的近代化」には「環境イノベーション」が重要であることを見ていこう。

2 「エコロジー的近代化」の政治への浸透

「エコロジー的近代化」の提唱者の1人であるフーバー[1]（Huber, 2001, 281-302, 314-327.）は、環境運動の展開を跡付けながら、エコロジー言説[2]の歴史をたどり、その中に「エコロジー的近代化」を位置づけている。彼は、当初の生態系を重視するディープ・エコロジーの影響下にある環境運動の圧力の下での産業の抵抗により「エコロジー 対 経済」という対抗図式からエコロジーを論じる段階から、「エコロジーの経済化による経済のエコロジー化」と表現される

「エコロジー的近代化」への議論の転換を強調している。彼は、エコロジーの経済化の主体である産業や企業に焦点を当てて、「産業エコロジー」という表現も使っている。この「エコロジー的近代化」論は、さらに1986年のチェルノブイリ原発事故、スイスのバーゼル化学工場の火災事故によるライン川の汚染に代表される「リスク社会」論の議論（Beck, 1986.; ベック, 1998.）を経て、1994～96年から始まる、より自然循環を統合した議論である「環境イノベーション」の議論へと新たな展開を遂げる。この環境イノベーションでは、「エコ効率性」がテーマとなり、政府によるエコロジー的近代化の方向への新たな技術開発の誘導、企業による新たなシステム技術の開発が中心的テーマになる。

簡単ながら、「エコロジー的近代化」の提起からその普及・浸透の局面を概観しておこう。アーサー・モルとイェニッケによる「エコロジー的近代化理論の起源と理論的基礎」という論文（Mol and Jänicke, 2010, 17-18.）によれば、「エコロジー的近代化」の考えは、1982年の議論において当時ベルリン都市州議会議員であったイェニッケ（Jänicke, 1993.）によって開始された。彼は、当時「エコロジー的近代化と構造政策としての予防的環境政策」の研究に従事しており、「近代化プロセスに強力なエコロジー的ひねりを加える必要性」を考えていた。同時期に、フーバー（Huber, 1982.）が、「産業のグリーン化」理論の最初の基礎となる『エコロジーの純粋さの喪失』を出版した。環境政策のベルリン学派と呼ばれる研究者たちとともに、フーバーは後に「エコロジー的近代化」という用語を使用する。これには、ジモーニス、K・ツィンマーマン、フォルカー・フォン・プリートヴィツ、ゲジーネ・フォリヤンティ＝ヨースト、ルッツ・メッツ、ヘルムート・ヴァイトナーらがいる。イェニッケとフーバーは、「資源の効率的使用に焦点を当て、エコロジーと経済の両方に利益をもたらす、技術に基づく、イノベーション志向の戦略に関するプロジェクト」を提起した。

1990年代以降、オランダのモルとゲルト・スパーガーレンは、エコロジー的近代化と、ウーリッヒ・ベックのリスク社会論、ネオマルクス主義理論、ポストモダン理論など関係する諸理論との類似性と相違性を論じ、再帰的近代化理

第3章　エコロジー的近代化と統合的環境政策の理論

論と関連付けている (Mol and Jänicke, 2010, 22-23.)。さらに、フーバー (Huber, 2001, 287.) が述べているように、モルとスパーガーレンの理論的整理と、イギリスの労働党も含めてヨーロッパにおける社会民主党の環境政策綱領の刷新を通じて、エコロジー的近代化は国際的に普及しキー概念になる。ドイツにおいて、これは各政党に浸透していく。緑の党は、「脱産業社会」から、「産業システムのエコロジー的再構築」を提起し、SPDは「エコロジー的刷新」という用語を使い、他方、キリスト教民主同盟（CDU）やFDPは、1980年代末に「エコロジー的市場経済」を論じるようになる。

　フーバーは、「エコロジー的近代化」について次のように述べている。エコロジー的近代化は、「革命的な脱出」ではなく、「システム内在的改革戦略」である。環境問題の原因が従来の産業的近代化にあり、環境問題の解決は、その原因者である産業社会や企業が取り組むことによって可能になる。環境運動の現実派（Realos）と産業内のエコロジー派が、政治家と研究者の支援により公開の議論を行うようになり、いわば、エコロジー的「近代化連合」が成立する。こうした動きを背景に、ノルウェーのグロ・ハーレム・ブルントラントや西ドイツのフォルカー・ハウフら社会民主党の政治家により、エコロジー的近代化の言説は、「環境と開発に関する世界委員会」の報告書『私たちの共通の未来』に影響を与え、「持続可能な発展」の理念に導入される（World Commission on Environment and Development, 1987.; 環境と開発に関する世界委員会, 1987.; Huber, 2001, 286-293.）。

　「エコロジー的近代化」は、西ドイツの政治の分野において、環境政策の重要な理論として定着する。最も早くは、1983年春に、雑誌「自然」の「オールタナティブな政府声明」に使われている。統一ドイツにおいて、すでに述べたように1998年に誕生した「赤と緑」の連立政権の第一期連立協定（1998-2002年）の中に「エコロジー的近代化」の章が設けられる。このようにシュレーダー「赤と緑」の連立政権により、環境政策の理念として「エコロジー的近代化」が定着する。イェニッケは、エコロジー的近代化において重要な新たな技術発展の促進プログラムである「環境イノベーション」について次のように述べている。この「赤と緑」の連立政権期の「エコロジー的近代化」プログラム

と、2005年の「赤と緑」の連立政権から大連立政権への政権交代後の大連立政権による「エコロジー的産業政策」の構想と共に、ドイツ連邦政府において「環境イノベーション」が中心的位置を占めるようになる。さらに、彼は、EUにおいても、環境イノベーションはその重要性を増し、後述するように、「ヨーロッパ2020」戦略においてこれまでの成長戦略が転換され、資源効率性と環境適合性の両方を同時に実現する「『賢い』持続可能な、社会的に適合した（『包摂的』）成長」が目指されていると述べている（Jänicke, 2012, 52-53.）。

3　エコロジー的近代化と「環境イノベーション」

最後に、最初に「エコロジー的近代化」を提起したイェニッケの最近の著作（Jänicke, 2012, 56-58.）の中でまとめられている「エコロジー的近代化」の主要な論点を見よう。彼によれば、「エコロジー的近代化」という概念は、「エコロジーと経済」を関連付け、両者の共通部分を論じるために使われた。先進的市場経済のさらなる近代化は、環境適合的技術の長期的な発展と結びついている。この技術変動は、「効率的な手続きや製品により環境利用や資源利用を縮減する」ことを可能にする。これは、「エコ効率性の向上」を意味する。イェニッケたちの述べる「エコロジー的近代化」は、環境負荷の軽減のための追加技術であるフィルター装置のような技術である「事後的な（エンド・オブ・パイプ）アプローチ」とは異なるものである。さらに、汚染地区除染や気候被害の除去のような単なる被害修復の措置とも異なる。これまでの技術発展の方向を転換し、生産過程や製品のシステム的改革を行う技術に焦点をあてる。「事後的なパイプの吸い口技術」から「予防的な有害物質を発生させないシステムへ変える技術」への転換である。こうした技術による一歩一歩の改善もあれば、急進的なイノベーションもありうる。環境適合的資源利用である「エコ効率性」は、物質の効率的利用、エネルギーの効率的利用、あるいは効率的運輸、装置・製品・素材のリスク軽減の分野に関係している。

また、彼は、環境イノベーションとの関係で、「エコロジー的有効性」について述べている。エコロジー的有効性は、その急進性とその広がりの程度に依存している。つまり「『漸進的』イノベーション」はわずかな環境改善しかも

たらさないし、「リバウンド効果」によりその結果は中立化される。彼は、「これは、環境政策にとって決定的な点である」と述べている。したがって、次のようなエコロジー的イノベーションプロセスを進めることが課題となる。第1にイノベーションが広範囲な環境負担軽減をもたらすこと、第2にイノベーションが国内的、国際的に広範囲に市場に浸透することである。

このように、エコロジー的近代化は、新たな市場を創出する「市場形成的戦略」として提起されているが、しかし技術進歩とその普及には政府による政策的促進（経済的誘導手段、「強制」的性格のもの）が不可欠である。つまり、先進国において新たな環境適合的技術の主導（リード）市場（例えば、太陽光パネルなど）の創設が特に重要な意義を持つ。緑の主導市場が成立することにより、国際市場に普及させうる技術の発展とそのさらなる改善のコストが賄われる。

イェニッケは、エコロジー的近代化に関してまとめとして以下の5点を指摘している（Jänicke, 2012, 70-71.）。第1に、再生可能な資源を含めて、エコ効率性の大幅な向上による環境負荷の軽減の潜在的可能性に対する他の選択肢はないことである。IPCCがすでに指摘しているように、「緑の電力」（再生可能エネルギー）の技術的可能性は、現在の地球レベルのエネルギー消費を上回っている。

第2に、エコロジー的近代化を進める推進力は、気候保護という緊急の問題とエネルギー価格の上昇と並んで、次のような3点である。まず、グローバルな環境要請に応じる市場における技術的近代化とイノベーション競争という資本主義的論理であり、つまり環境問題のための市場能力のある技術的解決が未来の市場において多様な利益を得るチャンスを提供することである。次に、世界市場の基本条件に影響を与える先駆国による「賢い（スマート）」環境規制の急速な普及である。環境政策の実施が、しばしばイノベーションにおいても、国際的普及においても前提になる。この事例として、再生可能エネルギーの促進のための固定価格買取制が挙げられる。さらに、グローバルな環境ガバナンスの複合性が高まり、原因者となる産業の経済的不確実さとリスクが増したことである。企業のリスクの増大に対して、エコロジー的近代化は、環境集約企業の投資リスクを軽減するオプションを提供するものである。

第3に、エコロジー的近代化のプロセスにおいて、特徴的な阻害要因がある。まず、経済成長とリバウンド効果により、例えば、エコ効率性がわずかである場合は、環境的進歩は傾向的に中立化される。次に、「近代化の敗者」による抵抗がある。

　第4に、帰結として、エコ効率性の戦略により、影響力のある原因者の抵抗を克服するための新しい道を創出しなければならない。この「創造的破壊」による不安を取り除くために、移行マネージメントが重要となる。

　第5に、しかしこのような阻害要因にもかかわらず、エコロジー的近代化は、市場志向のイノベーションアプローチとして注目に値する成果を挙げている。そして、グローバルなメガトレンドとして確立している。さらに、既存の利益構造や社会基盤（インフラストラクチャー）、あるいは生活スタイルを変える構造的解決を目指して、移行マネージメントを行う持続可能な発展のためのガバナンスの形成が重要となる。

　イェニッケは、エコロジー的近代化の議論において、政府の改革と市場の改革の両方の必要性を強調している。政府による政策的促進と、企業が主体としてグリーンテクノロジーを開発し、新たな市場を形成することの両方を重視している。

3　1990年代から2000年代にかけての日本の環境政策——第2の転換点

1　環境政策を推進する要因——「外からの入力」

　さて、環境ガバナンスの観点から、日本における環境政策の歴史を振り返ってみれば、環境政策の推進には、次のような要因が重要な役割を果たしている。第1に、一般市民の環境意識の高まりや、環境保護や公害問題に対する批判的な市民活動や環境運動の強さが大きな影響を及ぼしている。第2に、環境政策の開発の条件として、分権化や情報公開、とりわけ自治体における市民参加の仕組みづくりなど、政治行政システムの透明性と開放性が重要である。第3に、原発事故やダイオキシンによる被害など大規模な環境災害などから生じた特定の政治状況が契機になっている。第4に、環境問題のための国際会議や

国際的な取り組みが「外からの入力」として重要な役割を果たしている。

1990年代における日本の環境政策の水準は、国際比較から見て中位に位置している。しかし、細川連立政権における環境基本法の制定（1993年）以後、日本における環境政策の第2の転換期が始まった。これは、1995年の容器包装リサイクル法、1997年の環境影響事前評価法、2000年の循環型社会形成推進基本法など一連の環境立法に示されている。こうした動きは、次に述べるように、「外からの入力」である国際的な要因の影響が大きい。

「外からの入力」に関しては、次の3点が重要である。まず、グローバリゼーション（地球一体化）時代における環境問題という、国際関係による「外からの入力」である。1980年代後半以後の地球環境問題への関心の広がり、地球環境問題に関する国際会議が開催されるというインパクトである。1992年にリオ・デ・ジャネイロで開催された地球サミットのインパクトは大きい。この地球サミットには世界の首脳が集まり、同時に環境NGOの会議が開催され、その活躍が注目された。しかし、この会議でも、先進国と発展途上国の間に意見の違いがあり、南北間の政策調整は容易ではない。また、この時期に日本企業の「公害輸出」問題や、エビなどの食料の大量輸入が発展途上国の環境破壊につながっていることが批判されてきた。

さらに、日本にとって重要なことは、1997年に京都で国連気候変動枠組条約第3回締約国会議が開催され、京都議定書が締結されたことである。この地球温暖化防止のための国際会議の開催での気候ネットワークなどの環境NGOの活躍を含めて、マスメディアによる持続的な報道は、市民の環境意識を浸透させる大きなきっかけになった。政府は、国際公約の達成を迫られた。

また、この動きは、より生活に密着した問題によって促進される。この時期に、いわゆる「環境ホルモン（内分泌かく乱物質）」問題が注目されたことも、市民の環境意識を高めるのに寄与している。

2 自治体と環境政策

さらに、日本において具体的な新たな環境問題が注目される中で、自治体と環境政策の権限問題が明らかになっている。まず、市民にとって環境問題を身

近なものにしたのは、ごみの焼却に伴う「ダイオキシン発生」問題である。さらに、食品添加物・遺伝子組み換え食品・BSE（牛海綿状脳症）などをきっかけに広がった「食の安全」問題である。

また、1990年代以降、原子力発電所における事故の多発と「事故の隠蔽（臨界事故の未公表など）」が続いた。1999年に起こった東海村の原子力関連施設における臨界事故は、原発立地における「予想もしない危険」を明らかにし、日本の原子力政策を根底から問うことになった。

さて、所沢周辺での産業廃棄物処理業者からのダイオキシン発生に対して、所沢市が国や産業廃棄物問題について権限のある県に先んじて、まず市の条例によってダイオキシン規制の一定程度の強化を行い、その後、国によってダイオキシン規制措置がとられた。また、東海村の臨界事故において、住民の避難勧告を出したのは東海村であった。このような事例は、市民に最も身近な基礎自治体である市町村が、環境政策において権限を持つことが必要であり、環境問題についてふだんに自ら判断を問われることを示している。

1990年代前半に、原発立地（新潟県巻町）、産業廃棄物処理施設立地（岐阜県御嵩町）、可動堰（香川県吉野川）など、環境関連の施設立地をめぐって住民投票が実施され、自治体政府の政策決定において地域住民の意思が問われた。大規模公共事業の実施をめぐって、自治体の主権者である市民によって行使される「住民投票」という制度が、政策決定のプロセスに新しい入力として登場した。こうした地域における市民運動、市民活動の活発化は、自治体の再構築の動きを加速させた。

こうした動きの中で、2000年の新地方自治法の実施により、国と自治体の関係が「上下・主従関係」から「対等・協力関係」に転換したことが大きなインパクトになっている。2000年代以後、先駆的な自治体において自治体の憲法と位置づけられる自治体基本条例、さらに自治体議会基本条例、常設型市民投票条例が制定され、市民と自治体との間の基本ルールが決められ、市民参加の仕組みづくりが進展し、自治体レベルにおける政治行政システムの改革が一定程度、進展している。

4　統合的環境政策の理論

1　統合的環境政策の原則

さて、すでに述べたように、環境政策は、1970年前後から固有の政策領域として始まったが、その50年の歴史の中で、確立してきた環境政策の原則として、次のようなものがある。第1は、「汚染者費用負担の原則（Polluter Pays Principle — PPP）」であり、環境破壊という「外部不経済」の費用を市場の中に「内部化」する原則である。これは、OECDによって1972年に提唱され、国際的に環境政策の原則として普及した。OECDの定義によれば、「PPPとは汚染者が第一次の費用負担者であり、政府当局が必要と判断した環境汚染防止と制御装置に対して費用を負荷すべき」であるという価格メカニズムを活用した政策手段の奨励という側面から理解されている。

日本においては、甚大な公害問題の経験から独自の議論が展開されている。環境政策の全般について適用されるべきという立場からは、それは、環境汚染の原因者が、第一次的に費用を負担すべきであり、その範囲は「公害防除、被害の救済、環境破壊防止と制御、蓄積されている汚染の除去・環境復元・防止など」の費用であると位置づけている。これは、PPPをより具体化した拡大版と言える（宮本, 1989.; 植田, 1996.）。

他方、ドイツでは、1971年に作成された最初の環境プログラムにおいて、「環境に関する事項をすべての公的、私的政策決定過程において考慮に入れるべきこと」という目標が盛り込まれている（Müller, 2002, 58-59.）。この統合的アプローチを練り上げるために、政策形成過程の指針として先のPPPと共に、後述の「事前予防の原則」と「協力の原則」の3原則が基本となっている。さらに、PPPに加えて、「原因者に帰すことができないか、原因者から取り立てられない費用は、公共が担うという『共同負担の原則』」が適用される。

第2の「事前予防の原則」は、危険を予防し、環境条件の改善を行うことであり、予防的な環境政策を優先するものである。この原則は、いわゆる「パイプの吸い口技術（末端処理型技術）」による解決や部門別、短期的な解決に代

わって、統合的な解決、グローバルな長期的な解決策を指向するものである(Müller, 2002, 58-59.)。

第3の「協力の原則」は、重要な社会的グループを含めて、政府、企業、団体、市民グループ、市民個人など多様な担い手が、「環境政策の目標を可能な限り協力して実現する」ことを目指すものである。これは、関係するすべてのアクターが環境保護に責任があること、すべての重要なアクターが政策形成過程に積極的に参加すべきことを含んでいる（Müller, 2002, 58-59.)。この点は、後述のように「環境ガバナンス」ないし「環境政治」として議論されている論点（例えば、松下, 2002; 松下, 2007b.; 坪郷, 2009a.; 坪郷, 2009b.）である。環境問題に限らず、公共政策の展開において、多様な担い手の協力が重要になっている。このガバナンスは、統治と訳されることがあるが、統治は上からの支配を意味する言葉であり、適切な訳語ではない。政府は、市民の信託によって成立しているのであり、政府の政策は市民による合意に基づくものである。

さらに、スウェーデンにおいては、ドイツの3つの（ないし4つ）の原則に加えて、「危険物質を環境適合的な代替物質に代替することを義務付ける」ことを定める「代替の原則」が適用されている。

2　統合的環境政策の4要因

このような原則に従った「産業社会のつくりかえ」のための環境政策が、統合的環境政策である。この統合的環境政策（坪郷, 2000.; 坪郷, 2009a.; 坪郷, 2009b.）は、次のような4要因から構成されている。

第1に、エコロジー問題は単一争点ではなく、政治経済問題であり、経済社会問題である。つまり、エコロジー問題とは、総合政策の実施によって現存の「産業社会のつくりかえ」問題である。環境政策は、個別政策から、環境政策の総合化、環境政策の他の政策領域への統合化へと漸進的に転換してきた。これは、経済政策、財政政策、社会政策、エネルギー政策、交通政策、農業政策などあらゆる政策領域に環境保護の目標を組み入れることである。「産業社会のつくりかえ」を行うためには、経済政策と環境政策の統合が重要である。このために、環境基準を設定するための法的な規制を基礎にして、環境税などの

経済的手段の導入により環境費用の「内部化」のメカニズムを作り、技術の発展方向を環境適合型に転換することが肝要である。さらに、環境政策の統合は、情報公開と政策づくりへの参加と透明化による社会的合意に基づくものである。環境問題への事後的な処理から、予防的な措置への転換が課題である。この論点は、「汚染者費用負担の原則」と「事前予防の原則」に関わるものである。

　第２に、「産業社会のつくりかえ」のためには、これに対応する政治・行政システムの改革が必要であり、そのために「グローバル化と分権化の視点」が必要である。地球環境問題への対応には、地球レベルでの政策調整の制度化が不可欠であり、政策の展開レベルの重層性と分節化が政策の実効性を保障する。政策展開のレベルとしては、地球レベル（例えば、国際的レジーム・国連気候変動枠組条約、現在の国連安全保障理事会に対する環境安全保障理事会の設立構想、あるいは世界貿易機構に対する世界環境機構のような新たな制度の提案）、地域統合レベル（EUのような超国家機関による共通環境政策、多国間ないし二国間の環境協力）、国レベル、自治体レベルが挙げられる。

　大きくは、国際（地球）、国、自治体の３つのレベルで環境政策が重層的に行われることによって、環境政策の実効性が確保され、相互に相乗効果をもたらす。環境政策においては、権限のゼロサム・ゲームではなく、他のレベルの活動によって、政治レベル全体の行動容量が拡大するプラスサム・ゲーム（C・ヘイ）が成立するのである（Jachenfuchs, Hey, und Strübel, 1993, 144.）。

　多次元レベルにおいて環境政策が重層的に展開されることが重要であるということとの関係で、さらに２つの点を指摘しておきたい。まず、市民の生活する場である自治体レベルに権限が移譲されることが不可欠である。新しい問題の発生に迅速に対応できるのは権限を持った自治体である。自治体において新しい政策の開発が活発に行われ、その蓄積の結果として国のレベルにおいて法制度化される例も多い。

　次に、地球温暖化問題のようなグローバルな環境問題については、国際的なレベルでの環境レジームが形成され、締約国会議において具体的な目標が締結され、各国がその目標を実現するという国際的な環境政策と国内環境政策の連

携も重要である。気候保護政策に関して、パリ協定においては、締約国は、削減目標の作成と提出、目標達成のための国内措置の実施が義務付けられる。これに従って、各国は目標達成のための行動計画を立て、自治体で行動計画を作成し、企業・団体や市民活動が具体的な行動を実施する。

　以上の論点は、「補完性の原則」であり、「グローバリゼーションと分権化の原則」である。

　第3に、この「産業社会のつくりかえ」のための環境政策においては、その政策の形成・実施の政策主体の多様性が注目されている。政策主体として、例えば、国際（地球）レベルでは国際機関や環境レジーム（気候変動枠組条約締約国会議など）、地域レベルでは超国家機関（EU）や地域協力組織、国レベルでは国の政府と自治体政府、以上の4つの各レベル（国際、地域、国、自治体）において市民、市民活動組織（非政府組織 NPO・NGO）、多国籍企業、企業・業界団体、労働組合・生協・農協など多様な主体が活動している。「産業社会のつくりかえ」の視点からは、政府部門、市場部門、市民社会部門（市民活動・NPO）の3者の関係が重要である。市民が選んだ政府は、企業が環境適合的なシステム改革を進め、市民が生活スタイルを変えるための制度化を行う。この制度に促されて、企業がシステム改革のための技術開発を促進し、市民が環境適合的な生活スタイルに転換することが肝要である。これは、「参加と協力の原則」である。

3　統合的環境政策の政策手段

　第4に、産業社会を「持続可能な発展」の方向へと転換させ、企業の生産システムを変え、個人の消費行動を変え生活スタイルを転換させていくためには、多様な手段が駆使されることが必要である。環境政策の政策手法としては、大きくは5つのタイプ（Jänicke, Kunig und Stitzel, 1999, 99-107.; Aden, 2012, 78-89.; Böcher und Töller, 2012, 74-84.; 環境省, 2000, 29-32.; 環境省, 2012, 26-27.）に分けられる。

　①環境基本計画から国土計画や廃棄物計画など個別計画までの計画的手法である。

②特定物質の禁止措置・排出基準の設定・技術基準や取り扱い手続きの規定など法的規制である。従来、環境政策の主な手法として「コマンド・アンド・コントロール」と言われてきたものである。
③環境税、課徴金、補助金など誘導的手段であり、いわゆる「経済的手段」といわれるものである。これは、これまで事後的に処理されてきた外部費用としての環境費用（環境被害の修復など）の内部化である。
④関係者によって締結される協定、利害関係者による円卓会議、調停手続き、社会的対話など、参加型・協力型の手段である。例えば、脱原子力エネルギーを含む将来のエネルギー政策についての円卓会議が挙げられる。この手段には、自治体と地元の企業の間で締結される公害防止協定、政府と経済団体の間での温暖化防止のための協定など、企業の自主的取り組みも含んでいる。
⑤環境教育・環境マネージメント・環境報告書などの情報提供型教育型手段である。

これらの政策手段のうちどれが有効であるのかについては議論があるが、法的な規制を基盤にした政策ミックスが注目されている。レンら（Renn, Knaus und Kastenholz, 1999, 46-54.）が述べているように、規制的手段が重要であるのは、環境破壊が、その原因に関与しない第三者に害を与えるからであり、政府の介入なしにはこの費用負担を市場における需要と供給によって調達することができないからである。そして、政策手段の選択にあたっては、「一般市民の生活スタイル、環境リスクへの準備、自然や資源の利用という３者の相互連関が明確になるもの」、「省資源・省エネルギーや自然適合的な行動が、社会的にも経済的にもやり甲斐のあるもの」という点が重要である。

次章で述べるように、環境政策の統合化・総合化を推進する「持続可能性」の戦略は、福祉国家のつくりかえの戦略でもある。これは、長期的な環境政策を実施するための環境計画によって形成されてきた。この先駆的な試みとしてオランダの環境政策計画（NEPP）(1989/1993、1998年）を挙げることができる。このような先駆国の試みは、1990年代を通じてOECD加盟国において急速に波及している。

この環境計画は、理念的にすでに述べたアジェンダ21（11頁を参照）に述べられているが、イェニッケの整理（Jänicke und Jörgens, 2000, 2.）によれば、次のような特徴を持っている。それは、①中長期的環境目標を合意形成的手法により定式化（合意）、②重要な他の分野の包含（横断的政策）、③環境汚染の原因者を問題解決に参加させること（環境汚染の原因者の引き入れ）、④自治体、諸団体、市民の広範な参加（参加）、⑤達成された改善についての報告義務（モニタリング）という５つの要因を含むものである。環境計画には、具体的な環境目標と実施のための環境指標が盛り込まれる。

　次に、統合的環境政策の枠組みの事例として、EUとドイツにおける「持続可能性の戦略」、日本における環境基本計画の形成期とその後に関して述べることにしよう。

【注】
1) フーバーは、1981年からベルリン自由大学オットー・ズーア研究所私講師、フリーの著述家として活動し、1992年からマーティン・ルター大学ハレ＝ヴィッテンベルク環境社会学教授を務める。
2) エコロジー言説について、日本では「経済的合理性」と「（生態系の法則を考慮した）エコロジー的合理性」について論じる丸山正次『環境政治理論』風行社、2006年がある。さらに、同書で取り上げられているドライゼック（Dryzek, 2013.）を参照。
3) マーティン・イェニッケは、ベルリン自由大学教授（1971～2002年）であり、環境政策研究所所長として、環境政治学のベルリン学派を主導した。同環境政策研究所は、1986年４月に設立され、1996年の時点で25名の研究員を擁する。当時、産業諸国の環境政策の国際的比較研究、環境報告（環境指標など）、エコロジー的近代化、エネルギー政策などが重点的研究テーマである（*Jahrbuch Ökologie*, 1996, 332.）。1981～1983年までベルリン都市州議会議員を務める。シュレーダー「赤と緑」の連立政権期の1999年に、環境問題専門家委員会（SRU）のメンバー（環境政治学）になり、2008年まで務める（第６章104-106頁参照）。
4) ウド・ジモーニスは、1988年から2003年までベルリン科学センターの環境政策の教授を務める。『年報エコロジー』（*Jahrbuch Ökologie*）の編集者の一人である。
5) ゲジーネ・フォリヤンティ＝ヨーストは、日本の経済と環境に関する著書（Foljanty-Jost, 1995.）がある。1992年からマーティン・ルター大学ハレ＝ヴィッテンベルク日本学教授である。

◇第4章◇

持続可能な発展のための戦略
—— EU、ドイツ、日本の事例 ——

1　ヨーロッパ連合の「持続可能性の戦略」

1　EUの環境政策とパラダイムの転換

　フーベルト・ハイネルトらは、EUが各加盟国の政策形成におけるインパクトを増大させているとし、次のような理由から、特に環境政策の領域においてそうであると述べている。一つは、法律に規定されている各国の基準が問題となり、いくつかの観点から調和化が図られるからであり、もう一つは環境政策の目標、内容、配置についての各国内の議論がヨーロッパレベルの政策発展によって影響を受けているからである。ここでの重要な問題は、従来の「コマンド・アンド・コントロール」アプローチと言われてきた規制的手法が、現代の「リスク社会」においてまだ適切であるのか、政治の効果を高めるためには他のアプローチを取るべきなのか、ということである。この規制的手法は、政府中心的な調整構想であり、新たな手法には、階統的でない政治参加を伴う政治の新しい形態（ガバナンス）が必要である。この新しい政策手法として、ハイネルトらは、環境影響評価法とエコマネージメント（EMAS）を取り上げている。この手法は、政府によって規定されるコマンド・アンド・コントロールに依拠するよりもむしろ社会的、政治的アクター間の交渉と討論のプロセスを通じての水平的な調整の形態である（Heinelt, Malek, Smith und Töller, 2001, 1.）。

2　EUの統合的環境政策

　EUにおいては、1973年以来、すでに7次（2020年まで）にわたる環境行動プログラムを実施している。そして、単一ヨーロッパ議定書（1987年）とマーストリヒト条約（1993年）によって、EUの環境政策は新しい段階に入り、次のような3つの特徴を持っている。第1に、環境政策の目標として、次の点が明記された。①環境の維持と保護ならびに環境の質の改善、②人間の健康の保持、③自然資源の慎重で合理的な利用、④地域ないし地球環境問題に対して対処するために、国際的レベルの措置を推進すること、である。第2に、「事前予防の原則」、「汚染者費用負担の原則」と共に、「発生源における環境破壊の改善原則」が規定された。第3に、環境保護の要件がEUの他の政策領域の構成要素となることが明記され、統合的環境政策が定められた。さらに、アムステルダム条約（1997年）によって、「持続可能性の原則」が明記され、地球サミットの最も重要な点がEUの主要目標と位置づけられた。

　これをより具体化するために、1998年6月のカーディフにおけるヨーロッパ理事会以後、EUのすべての政策領域に環境の視点を組み込み、「持続可能な発展」を具体化するために、専門家による議論が推進された。このプロセスはカーディフ・プロセス（Buck, Kraemer und Wilkinson, 1999, 14.）と呼ばれている。このプロセスを受けて、2001年6月のイエテボリのヨーロッパ理事会（Europäischer Rat, 2001, 4-8.）で、「持続可能な発展のための戦略」がまとめられた。

　それによると、「持続可能な発展」は、EUの諸条約の基本的目標の一つであり、このためには、経済政策、社会政策、環境政策が相互に強化されるように設計することが不可欠である。この持続可能な発展を目指す明確な目標は、経済的な可能性を開くものである。つまり、これによる技術革新と投資の新しい波は、成長と雇用を生み出しうる。ここでは、省資源・省エネ型の経済成長を実現することが目標であり、「経済成長が増大すれば、資源消費の増大が生じる」というこれまでの両者の正比例的な相関関係を切り離すことが前提になっている。さらに、ここでは、生産物やサービスの価格が社会的費用を反映したものになり、このような「具体的な価格設計」により、消費者や生産者

に、どの生産物やサービスを購入するのかを日常生活において決定する動機付けを行うことが課題である。

「持続可能な発展」はもちろんグローバルな展開が必要であり、EU は、「持続可能な発展」を二国間の開発協力や、すべての国際機関における目標にすることを指向している。EU の「持続可能な発展のため戦略」は、地球サミットから10年経った2002年9月にヨハネスブルクで開催された環境開発サミット準備の一環であった。EU は、国連で目標とされている各国の国内総生産の0.7％を開発援助費に振り向けることを可能な限り早く達成することを主張した。

3　EU における 4 つの政策課題

ヨーロッパ理事会は、「持続可能な発展のための戦略」において次のような4つの優先領域を挙げている。それは、気候変動、交通、健康、自然資源の領域である（Europäischer Rat, 2001, 4-8.）。以下簡単に見ておこう。

気候変動問題については、京都議定書の早期の発効を目指し、目標の達成を推進する（京都議定書は2005年に発効した）。さらに、ヨーロッパ理事会は、2010年までに全電力消費に占める再生可能エネルギー源の割合の目標として、22％を挙げている。

交通部門における持続可能性の実現。持続可能な交通政策は、交通量の増加、騒音、環境汚染に対処し、環境適合的交通手段の利用、価格への社会的費用・環境費用の完全な内部化を促進することを目標にするべきである。特に、道路交通から鉄道、船など公共交通機関への転換が不可欠である。これを達成するために、ヨーロッパ理事会は、ヨーロッパ議会と理事会に2003年までにヨーロッパ委員会の提案に基づく大陸間ヨーロッパ交通ネットワークのための指針を確定することを求める。これは、公共交通機関の充実や近郊交通機関の接続などのインフラ投資を含む。

健康のためにリスクの回避。食料の安全と質、化学物質の利用、伝染病と抗生物質アレルギーなどに関する問題についての市民の不安に対応しなければならない。この目的のために、伝染病及び抗生物質アレルギーに関する行動計画

を提案し、2004年までに新しい化学物質政策を実施する。

　自然資源の責任のある利用。経済成長、自然資源の消費、廃棄物の間の関係を変化させることが必要である。そして、生物の多様性を維持し、生態系を保護し、砂漠化を防止する。このために、共通農業政策の目標として、健康で質的に高い生産物、環境適合的生産方法、生物多様性の保護の促進に重点を置く。

　「持続可能な発展のための戦略」は、さらに2006年に改訂（EU, 2006, 7ff.）され、長期的視点を持ったEUのすべての政策分野を包括する戦略と位置づけている。そのために、個別のプログラムや計画の統合を志向するものである。重点項目として、①気候保護、再生可能エネルギー、持続可能な交通、②持続可能な消費と生産、③自然資源、④公的保健制度、⑤社会的統合、人口発展、移民、⑥貧困と持続可能な発展に関するグローバルな挑戦、⑦知識社会に寄与する分野横断的措置（一般教育と職業教育、研究と発展、財政措置と経済的手段）が挙げられている。これらの目標を達成するために、国、EU、国際レベルのそれぞれの戦略をより良く垂直的に連携させる重層的ガバナンスを目指している。

4　「ヨーロッパ2020」へ

　EUの2006年改訂の「持続可能な発展のための戦略」は、2010年に決定されたより広い射程の「ヨーロッパ2020――賢い、持続可能な、統合的成長のための戦略」（European Commission, 2010, 4-7, 12-13.）に吸収された。EUは、「グローバル化、資源不足、高齢化」に対処するために、「21世紀のヨーロッパ社会的市場経済」のビジョンを描く。「ヨーロッパ2020」は、3つの相互に関連し合う課題に取り組む。それは、①「賢い（スマート）経済：知識とイノベーションに支えられる経済の発展」、②「持続可能な成長――資源を大事にする、エコロジー的、競争力のある経済」、③「統合的成長――高雇用と明確な社会的領域的連帯のある経済の促進」である。そして、2020年までに達成すべきEUの中核的目標として、次の5点を挙げている。①「20～64歳の年齢の人口の75％が仕事に就く」、②「EUの国内総生産の3％がF＆E（研究と開発）のために使用」、③「20-20-20気候保護目標・エネルギー目標の達成（相応する前

第4章　持続可能な発展のための戦略

提が満たされる場合、排出量削減目標を30％に引き上げることを含めて）」、④「退学者の比率を10％以下に減少、そして少なくとも若い世代の40％が大学卒業資格を獲得」、⑤「貧困の危険のある人の数を2000万人以下に削減」である。20-20-20気候保護目標・エネルギー目標は、2020年までに、温室効果ガスの20％削減（1990年比）、エネルギー効率の向上20％増加、再生可能エネルギーの比率を20％に増加という3つの目標を掲げるものである。このEU平均値に対して、各加盟国の具体的な目標を明確にしている。

　これらの目標は相互に関連しており、成果全体にとって決定的な目標である。この目標を実現するためには、国レベル、国際レベル、EUレベルの措置が実施される必要があり、ヨーロッパ委員会は、このために、「イノベーション連合」、「動き出す若者」、「ヨーロッパのためのデジタル・アジェンダ」、「資源を大事にするヨーロッパ」、「グローバル時代の産業政策」、「新しい資格と新しい雇用機会のためのアジェンダ」、「貧困と闘うためのヨーロッパ・プラットフォーム」という7つのイニシアティブを提案している（European Commission, 2010, 5-6, 15-24.）。また、EUの「持続可能な発展のための戦略」の実施をモニタリングするために、すでに述べた中核的目標とともに、指標リストが作成され、12の主な指標、45のテーマ毎の政治的中核指標、98の分析のための指標群が作成されている。

　このようにEUの「持続可能な発展のための戦略」は、EUのすべての政策分野を統合する視点を持つ「ヨーロッパ2020」に発展している。さらに、2015年に採択された「国連アジェンダ2030」を受けて、2018年までにEUの「アジェンダ2030」のための実行戦略を策定する予定である。

5　補完性の原則と国際競争力

　さて、EUは、超国家機関による共通の環境政策と加盟国の環境政策について、補完性（サブシディアリティ）の原則を適用している。そして、EUの統一的環境基準に対して、加盟国がより厳しい基準を規定することを認めている。それは、地域において、人口密度、環境負荷の程度がそれぞれ異なるため、環境保全のために地域独自の基準が必要だからである。この観点から、ヨーロッ

パ裁判所においてデンマークにおける「缶製品の禁止の措置（1989年ビール・清涼飲料容器規制法により、リターナブルビンの再使用が義務付けられた）」が、貿易障壁と見なされず、環境基準として認められた例がある。

もちろん、EUレベルや加盟国での環境政策の発展のためには、ヨーロッパ議会のイニシアティブや環境団体の活動が大きな役割を果たしてきた。さらに、企業による自主的な環境マネージメントの取り組みや、環境関連技術の積極的な開発などの要因も重要である。

また、EUが、例えば気候保護のための京都会議において温室効果ガスの削減に積極的な提案を行い、京都議定書の早期の発効に熱心だったのは、EUが国際的な環境政策の推進を目標にしていることと共に、積極的な環境政策の開発が新たな技術革新を促し、国際競争力を高めることにつながるからである。これに関係して、EUが地球温暖化防止の政策手段として重視している「環境税」は、北欧諸国、ドイツに続いて、イギリス、フランスでも導入された。この税制の設計については、多様な議論があるが、ここでは、若干の論点を見ておこう。1990年代初めより北欧の中規模国（スウェーデン、デンマークなど）によって環境税が導入されているが、この経験は国民経済の国際競争力を損なうよりも、むしろ新たな技術革新を進める点では、新しい国際競争力の獲得につながると評価されている（Jänicke, Kunig und Stitzel, 1999, 132-135.）。しかし、新しい税制の設計・導入にあたっては、生活の各領域に関係することから低所得層への大きな影響があり、公平性の観点が考慮されねばならない。

2　ドイツの「持続可能な発展のための戦略」

1　「持続可能な発展のための戦略」の形成期

さて、ドイツは、環境政策について、特に1986年のチェルノブイリ原発の大事故以来、コール保守リベラル連立政権（1982～1998年）の下で、環境省を設置し、廃棄物の発生抑制と容器包装リサイクルの制度化、さらに循環経済・廃棄物法の制定により、「拡大生産者責任」の制度化を行ってきた。特に、1998年に成立したシュレーダー「赤と緑」の連立政権（1998～2005年）は、10％に

第4章　持続可能な発展のための戦略

近い高失業問題と経済の低迷、財政赤字の問題、社会保障制度の改革問題に直面していた。同政権はこれらの問題の解決を図りつつ、脱原発と再生可能エネルギーの促進による新しいエネルギー政策への転換、地球温暖化に対応するために環境税の導入など新たな環境政策の展開に取り組むために、環境政策を経済政策・雇用政策や社会政策と統合する新しい「政策統合」を試みた（坪郷, 2002）。次に、オランダなどの環境先駆国で行われてきた包括的な環境計画に相当するドイツの「持続可能な発展のための戦略」の形成期について見ていこう。

　ドイツ連邦政府は、2000年7月26日に「持続可能な発展のための国の戦略」を作成することを決定した。この戦略を作成するために、首相府長官を議長とする「持続可能な発展のための次官委員会」と、「持続可能な発展のための委員会（15名までのエコロジー、経済、社会問題の専門家会議）」が設けられた。この委員会により、広範囲な組織や個人の参加の下で、大きくは2度「社会的対話」が実施された。これらの活動を受けて、ドイツ連邦政府は、2002年4月に「ドイツのための展望――持続可能な発展のための私たちの戦略」を決定した。これは、リオの地球サミットにおいて課せられた国レベルでの21世紀のための行動綱領「アジェンダ21」の作成の義務を果たしたものであり、2002年9月の環境開発サミットへのドイツの提案でもあった（Bachmann, 2002.）。

　この「持続可能性の戦略」の考え方の重要な論点（Die Bundesregierung, 2002, 6-49.）を見よう。第1に、持続可能な発展は、政府のみによって達成されるのではなく、経済と社会におけるアクター（主体）がこの問題に取り組むときに成果を上げることができる。そのために、経済や社会の領域の多くのアクターとの間の社会的対話が必要である。これに関しては、自治体において取り組まれてきたローカル・アジェンダ21によって、先駆的な活動が行われている。

　第2に、持続可能性は、単純に環境政策を継続させるだけでは達成されない、経済的構造改革の下で、社会的連帯を維持することが肝要になる。つまり、成果を挙げる経済発展を、エコロジー的に、社会的に適合させるように設計しなければならない。

　第3に、持続可能な発展の3本柱として、エコロジー的次元、経済的次元、

47

社会的次元が挙げられているが、この3本柱を部門別の観点からではなく、相互に関連づけることが必要である。

第4に、維持可能な戦略の形成のために、「世代間公正、生活の質、社会的結合（連帯）、国際的責任」という4つの座標軸を明らかにしている。

2　4つの座標軸

連邦政府の目標は、まず、現在の世代の欲求と将来世代の生活展望との間の均衡の取れたバランスを見いだすことである。この点から、財政再建は、次の世代に決定の自由と設計の自由を保障するものである。同様に、年金改革は、高齢社会のもとで、高齢者の備えのために世代間の公正さを新しくつくるものである。「世代間の公正」では、自然資源の節約が重要な課題になる。必要なことは、エネルギー生産性と資源生産性を飛躍的に高めることである。「ファクター・フォー」（ワイツゼッカー, A・B・ロビンス, L・H・ロビンス, 1998）や「ファクター・テン」（シュミット＝ブレーク, 1997）のような効率性・生産性の向上が達成されねばならない。これにより、持続可能な経済を実現するものである。

第2の「生活の質」には、よき学校や、生きる価値のある安全で多様な文化的供給のある都市のような整備された国土が含まれる。そのための経済的基礎は、雇用保障や起業のためのチャンスの保障である。自然的、経済的、文化的機能など多様な機能を持つ農村地域における新しい農業政策も、重要な構成要素である。この基本条件の下で、農業は、健康的で質的に高い食料を生産しうる。

第3は、社会的連帯である。経済的駆体は社会的連帯を必要とする。すべての人が参加のチャンスを持ちうるように経済構造の改革を設計することが重要である。貧困と社会的排除を可能な限り防止し、勝ち組と負け組に社会が分裂することを阻止し、すべての市民が社会生活や政治生活に参加することを可能にする。そして、新しい技術と構造変化に適応できない人に対応するのが社会的連帯に関する政策の中心課題である。

第4の国際的責任については、貧困との闘い、人道的援助の強化、発展協力とグローバルな環境保護の強化が重要である。産業諸国が発展途上国に市場を

第4章　持続可能な発展のための戦略

開放し、公正な貿易の機会を作るときにのみ、経済発展と貧困との闘いは成功する。貧困と極端な社会的不平等は、原理主義と過激主義に対して抵抗力がない。人道的援助と発展援助の強化が国際的責任の本質的要素である。途上国支援政策の従来の国内総生産の0.7%だけでは十分ではない。貧困と闘う行動プログラムを行うことが必要である。

3　持続可能性のための政策指標

　この戦略によれば、持続可能な発展への転換のために、「効果的な管理計画」が決定的に重要である。この管理計画は、2つの柱によって支えられる。第1に、従来は基本的に環境領域のみをカバーしていた管理規則を拡大して、持続可能性の計画を具体化し、先鋭化させることである。第2に、指標と目標を決定することである。この戦略の実現には、質的な目標と量的な目標が必要であり、持続可能な発展がどこまで進んだのか、達成度を検証しうる一連の基本指標を提示するものである（Die Bundesregierung, 2002, 89-130.）。

　基本的な指標としては、次のような21の項目が挙げられている。

　①エネルギー生産性・資源生産性、②京都議定書における6つの温室効果ガスの排出量、③エネルギー消費における再生可能エネルギーの比率、④住宅地と交通利用地域の増加、⑤動物種の現状、⑥政府部門の財政状況、⑦投資率、⑧民間及び政府の研究開発費、⑨25歳の人の職業教育の終了と学生の数、⑩1人当たり国内総生産、⑪交通の集中度と貨物運輸における鉄道の割合、⑫エコロジー的農業の割合と窒素過剰度の評価一覧、⑬大気の汚染の状態、⑭健康への満足度、⑮家宅侵入の数、⑯就業率、⑰全日保育の数、⑱女性と男性の年間総所得の状態、⑲（基幹学校）未修了の外国籍青年の数、⑳発展協力費、㉑EUの発展途上国からの輸入。

　重要な具体的な指標としては、エネルギー生産性は、2020年までに1990年比で倍に引き上げられる。住宅地と交通のための土地利用は、当時1日当たり130haを2020年までに最大30haに減少させる。研究開発費は、国内総生産の2.46%（USA2.64%、日本3.02%）を2010年までに3%に引き上げる、などである。

さらに、優先度の高い行動領域として、(1)「エネルギーを効率的に利用——効果的な気候保護」、(2)「交通移動を保障——環境を保護」、(3)「健康な生産——健康な食品」、(4)「人口構造の変動を設計」、(5)「教育の古い構造を変え——新しい理念を発展」、(6)「革新的な企業——成果を生み出す企業」、(7)「土地利用の縮小」が挙げられている。このため、「グリーン内閣」(事務次官委員会)は、3つのパイロットプロジェクトを決定している。これは、「気候保護とエネルギー政策」、「環境適合的な移動可能性(交通)」、「環境、食糧、健康(食の安全)」である。このプロジェクトによって持続可能性の計画がどのような革新潜在力を持っているのかが検証され、同時に、生産力のある成長と将来性のある雇用へのインパクトを示すことが、課題となっている。

この2002年策定の「持続可能な発展のための戦略」は、4年毎にモニタリングが行われ、2004年(Die Bundesregierung, 2004.)、2008年(Die Bundesregierung, 2008.)、2012年(Die Bundesregierung, 2012.)に進展報告書が出されている。

4 「ドイツの持続可能性の戦略」(2017年)

さらに、2015年の国連持続可能な発展のためのアジェンダ2030(持続可能な発展目標：SDGs)の採択を受けて、ドイツ連邦政府は、2002年の「ドイツのための展望——持続可能な発展のための私たちの戦略」の新版として『ドイツの持続可能性の戦略』(Die Bundesregierung, 2017.)を、2017年1月に閣議で決定した。その重要な点を概観しよう。

この新版の策定にあたって、連邦政府は「対話と(多様な主体の)協力」を重視し、2015年秋から2016年春までの間に、5回の公開の会議を開催している。この会議には、連邦政府、州政府、自治体の代表、数多くの非政府グループ、市民が参加した。2016年5月末に、メルケル首相(大連立政権)によって、インターネットで公表された戦略草案に対する「対話の第2段階」の開始が告げられた。この時には、首相府において「中央協議のための催し」が開催され、40以上の団体の代表者が参加し、多くの態度表明が行われた。『ドイツの持続可能性の戦略』の策定において、こうした対話プロセスから多くの示唆が得られたと述べている(Die Bundesregierung, 2017, 12.)。

この「戦略の目標／アジェンダ2030の実施」に関しては、次のように述べている。「持続可能性の戦略の基盤は、総体的、統合的アプローチ」であり、持続可能性のエコロジー（環境）的、経済的、社会的側面の間の相互作用を考慮するときにのみ、「長期的な実りのある解決策」を達成しうる。この戦略は、「経済的に成果をあげうる、社会的にバランスのとれた、エコロジー的に合致した発展」を目標にしている。そこでは、「すべての人にとって尊厳のある生活を保障することと結びついた地球の惑星的限界」が、「政治的決定の絶対的ガードレール」である。「グローバルな責任を担う、世代間公正に合致した、社会的な統合のための政治」を導かねばならない（Die Bundesregierung, 2017, 12.）。

　ドイツの持続可能性の戦略は、その「核心」として、次のような持続可能性マネージメントシステムを重視する。これは、従来の継続であり、より強化されているものである。このマネージメントシステムは、「達成期限のある目標を達成、持続的モニタリングのための指標、制度形態の制御と固定のための規制」からなる。持続可能な政治のための一般的行動要請として、表4-1のようにアジェンダ2030に対応する12のマネージメントルールが定められている。

　持続可能性の戦略には、「気候保護、生物多様性保護、資源効率性、移動」のみならず、「貧困との闘い、保健、教育、平等、健全財政、分配の公正あるいは汚職との闘い」のようなテーマが含まれる。こうしたテーマに関連して、新たに13の追加されたテーマ分野と30の指標が設定され、全体として「63のいわゆるキー指標」（75-79頁参照）が決められている。さらに、連邦政府は、2015年に「持続可能な行政活動のための新しい包括的プログラム」を決定した。これには、政府部門の建物のエネルギー消費の削減、政府調達のための措置、持続可能な催しのためのマネージメント、家族ないし介護と職業のより良い両立という目標が含まれている（Die Bundesregierung, 2017, 12-13.）。なお、持続可能性の戦略における目標と指標については、第5章の2で述べる。

　さらに、この持続可能な戦略は、「シェフの仕事」であり、持続可能性は「分野横断的性格」を持っている。そのため、すべての省庁の協力・統合が不可欠であり、この省庁間の調整を行うために、中核の委員会として、首相府長

表4-1　持続可能性のマネージメントルール

持続可能性のマネージメントルール
－基本ルール－
(1)いずれの世代もその課題を自ら解決しなければならない、そして来るべき世代に負担を負わせてはならない。同時にいずれの世代も予見できる将来の負担に備えなければならない
(2)世代間公正、社会的連帯（結束）、生活の質と国際的責任の認知を達成するために、及び人権の実現と平和的な社会維持のために、経済的な業績能力、自然的生活基盤の保護、社会的責任の3者が、その発展が持続可能で受け入れ可能であるように、統合される。
(3)持続可能な発展のための共同の責任を果たすために、政治的決定過程において経済的社会的分野が適切に組み入れられ、政治的アクターが適切に参加することが必要である。
—個別の行動分野のための持続可能性のルール—
(4)再生可能な自然財（例えば森林あるいは魚介ストック）はその再生能力の枠内でのみ利用されねばならない。 非再生自然財（例えば鉱物資源あるいは化石エネルギー資源）は、その機能が他の原材料によってあるいは他のエネルギー資源によって代替しうる範囲でのみ利用される。 物質の排出は自然システムの適応能力――例えば気候、森林、海洋――より超えてはならない。
(5)人間の健康にとって危険や代替可能でないリスクは避けられるべきである。
(6)技術発展と国際競争によって引き起こされる構造変動は、経済的に成果のある、エコロジー的、社会的に適合するように設計されるべきである。この目的のために、経済的成長、高雇用、社会的連帯、人権の尊重・保護・保障、及び環境保護が同時に進展するように、政策分野間が統合される。
(7)エネルギー・資源消費及び交通量は、経済成長から切り離されねばならない。同時にエネルギー、資源、交通量の需要の成長条件による増大は、効率性を高めることにより相殺される以下になることが目指される。その際、研究・発展による知識の創出と特別な教育措置による知識の賦与が決定的な役割を果たす。
(8)政府財政は、世代間公正が義務付けられる。これには、基本法に規定されている連邦、州、自治体による公的債務上限の維持が必要である。さらなる一歩において、公的債務比率は世代間公正の基準から削減される。
(9)持続可能な農業は、生産的で競争能力があり、同時に環境適合的でなければならない。並びに種に適合した有用動物飼育、配慮的特に健康に関する消費者保護を考量しなければならない。
(10)社会的連帯を強化し、誰も一人にしないために、 ―貧困と社会的排除を可能な限り予防し、不平等を縮減すべきである。 ―すべての人口グループに経済的発展に参加するチャンスを開くべきである。 ―すべての人が社会生活、政治的生活に参加すべきである。

> ⑾すべての決定において、現在ある学術的認識とこのために必要な研究が考慮されるべきである。これに必要な資格付与と行動権限が、「持続可能な発展のための教育」の意味で、教育システムにおいて保障される。
>
> ⑿ドイツにおける私たちの行動は、それが原因となる世界の他の部分の負担を考慮しなければならない。国際的基本条件は、すべての国の人間がそれぞれの固有の見方に従って、その地域の環境と合致して、人間らしい生活を行い、経済的発展に参加しうるように、共同で設計されるべきである。環境と発展は、一つの統一体である。持続可能なグローバルな行動は、国連の持続可能な発展のためのアジェンダ2030に沿ったものである。統合的アプローチにより、貧困と飢餓との闘いは、
> ―人権の尊重
> ―経済発展
> ―環境保護及び
> ―責任のある政府行動
> と結びついている。

出所: Die Bundesregierung, 2017, 33-34.

官を議長とする「事務次官委員会(グリーン内閣)」が設置されている。さらに、今後、持続可能性に従事している社会的グループとの「対話と協力」を強化し、その「知識、権限、参加可能性」を促進する。例えば、「恒常的な対話形態」(「持続可能性フォーラム」の開催)、事務次官委員会の会議の準備において社会的アクターがより強力に参加できることを目指している(Die Bundesregierung, 2017, 14.)。

新版のドイツの持続可能性の戦略は、国連のアジェンダ2030を踏まえて、従来の政策分野をより広げて、エコロジー的持続可能性、経済的持続可能性、社会的持続可能性の3側面を包含するものになっている。

5　ドイツのローカル・アジェンダ21

ドイツにおいては、自治体におけるローカル・アジェンダ21の策定の動きが、先の「持続可能な発展のための戦略」の先駆的活動となっている。そして、「持続可能性」の戦略の具体化は、自治体レベルで行われる。このローカル・アジェンダ21 (Ruschkowski, 2002.; Zimmermann, 1997.; ICLEI u. a., 1998.; Hermann, 2000.; Wolf, 2005.; 坪郷, 2009a, 127-162.) は、「アジェンダ21」とその基本理念である「持続可能な発展」を自治体レベルで実行するものである。これ

は、よく言われる「グローバルに考え、ローカルで行動する！」というスローガンの制度化である。自治体は、「民主主義の学校」（J・ハッケ: J. Hucke）である。

　ローカル・アジェンダ21の普及のために、指針を作成している「国際環境自治体協議会（ICLEI）」によれば、ローカル・アジェンダ21のプロセスは、「多元的な利害関係者が参加するプロセス」であり、自治体レベルにおける「長期的な戦略的計画」の実施によって、地域の優先課題を解決することを含むアジェンダ21の目標を実現しようとするものである。

　ローカル・アジェンダ21のプロセス（Ruschkowski, 2002, 20.）は、「自治体議会などでこのプロセスに関する規定と活動重点を決定する始動段階」→「アジェンダ・プロセスに市民、NPO・NGO、企業など利害関係者が参加し、行動プログラムを作成する作成段階」→「自治体議会で行動プログラムを決定し、目標と評価のための指標を確定し、実施するという決定・実施過程」→「実施の状況を評価し、行動プログラムの調整と前進を図る評価過程」という循環を繰り返すものである。

　ドイツにおいても、他の国と同様に、ローカル・アジェンダ21は、1996年以後に動きだし、シュレーダー政権の成立した1990年代末に、ブームを迎える。1998年10月の500を超える自治体から、2002年5月には、2297自治体に増加している。ただし、数の上では多いが、ノルトライン＝ヴェストファーレン州、ヘッセン州、ザールラント州では50％を超えるが、東の州では比率が低く、ドイツの自治体全体の16.2％である。90％を超えるイギリス、99％のノルウェー、100％のフィンランド、スウェーデンに比べると比率は少ない（Ruschkowski, 2002, 21-22.）。2003年10月には、この決定を行った自治体は2425に増え、自治体の17％に達している（Wolf, 2005, 50.）。

　この動きは、広範な利害関係者の対話や協力からなる参加プロセスを目標とする新しい参加形態を試みている。しかし、その課題や問題点（Ruschkowski, 2002, 20-24.）として、テーマの複雑さや経験の欠如により担い手への過剰負担が生じること、政治的正当性の調達の問題、新しい参加システムに適合的な行政システムの改革が必要であること、都市計画を初めとして環境問題に対して

第 4 章　持続可能な発展のための戦略

総合政策として取り組むこと、政党間の対立が阻害要因になる場合があること、地域の独自の問題を組み込むことが成果をもたらす鍵となること、などの点が挙げられている。

6　「持続可能な都市」対話

2017年に閣議決定された「ドイツの持続可能性の戦略」の策定のために、すでに見たように多様な主体の参加が重視された。その一つとして、自治体の長のイニシアティブの事例について見ておこう。このイニシアティブは、ローカル・アジェンダ21の動きにつながるものである。

2010年初め以後、独立委員会である「持続可能な発展のための委員会」の招待によって、約30の都市の市長が、「持続可能な都市」の戦略問題に関する対話を継続している。ボン、エアフルト、エッセン、フランクフルト・アム・マイン、ハノーハー、ハイデルベルク、ケルン、ライプチヒ、ミュンヘン、ミュンスター、ズール、ベルニゲローデなどの都市が参加している。これまで、その成果として、『持続可能なドイツのための都市』（ドイツ都市学研究所、2011年）、『強力な自治体と共に、エネルギー転換をサクセスストーリーにしよう』（2013年）を公表している。さらに、2015年に市長たちは、居住空間の保障における社会的、エコロジー的側面、持続可能な自治体財政、持続可能な移動（交通）に関して包括的な取り組みを行っている。このための基礎を提供するために、ドイツ都市学研究所は、「持続可能な発展のための委員会」の委託により、『持続可能性のコースにある都市――私たちはどのように、住宅、移動（交通）、自治体財政を持続可能に設計するのか（2010年）』（Difu, 2015.）という報告書を公表した。そして、この報告書の新版として、2015年8月に市長たちは『自治体における持続可能な発展のための戦略的礎石』（Die am Dialog "Nachhaltige Stadt" beteiligten Oberbürgermeisterinnen und Oberbürgermeistern, 2015.）をまとめている。これは、参加している市長たちの活動についての基本文書であり、連邦や州に対する要求が含まれている。この新版の作成に当たって、「持続可能な発展のための評議会」により開催された約100人の自治体の若いメンバーたちが参加した対話プロジェクトにおける「将来より多くの責任を

担う世代の代表者」の意見から、多くの刺激を受けている。

　この戦略的礎石によると、彼らは、都市の政治を持続可能性の原則により展開することを目指している。「統合的持続可能な都市発展、エコロジー的・経済的・社会的利害を同等に扱い、世代間公正のある財政の下で推進することによって、私たちの都市の将来のための基盤を創出する」。そして、持続可能性の政治にとって、自治体による政策と責任が重要視されると述べている。「持続可能な都市発展のための礎石」は、2016年にまとめられたドイツの持続可能性の戦略を続行するためのものである。次のような4つの礎石を挙げている。

① 「持続可能性は、人間の観点から考えられねばならない。……それゆえ、私たちは、対話、参加、責任を引き受けるための行動権限を発展させそのために支援することを期待し、持続可能性に関して現場の具体的なプロジェクトを通じて明確な姿を与える」。

② 「持続可能性は、もはや資源の利用を意味せず、財政の観点からも再生可能なものである。それゆえ、私たちは、来るべき世代のために均衡財政と公的債務の縮減を行う。私たちは、……自治体財政の不均衡を修正することを要求する」。

③ 「持続可能な発展は、広い観点から各部局、各専門分野の統合を必要とする。それゆえ、私たちは、持続可能性をシェフの仕事である重要案件とし、この横断的課題を政治と行政に統合する。私たちは、持続可能性のマネージメントが――常に実践において――原則とルールによって進行するように尽力する。……」。

④ 「持続可能な発展は、すべての国家レベルで同じ目標に向かい、パートナーとして同じレベルで協力することを必要とする。……私たちは、都市のためのグローバルな持続可能性目標において、自治体の役割の強化が重要であると考え、連邦政府にこの目標の実施において私たちを支援することを要求する」。

　このように、自治体の市長たちは、持続可能性の戦略において、自治体が重要な役割を果たすことを認識し、住宅政策、交通政策、持続可能な自治体財政の問題に取り組んでいる。またこれまでの重点政策である土地利用政策や廃棄

物政策や、エネルギー転換に取り組み、参加型の自治体政治を志向している。

3 日本における環境基本計画と統合的環境政策

1 日本の環境基本法と環境基本条例

　ドイツのシュレーダー連立政権以降の「持続可能性」の戦略の概略を紹介したが、ドイツにおいても、この戦略自体がどれだけの意義を獲得するのかは、この戦略をより具体化する個別政策の展開や、自治体における総合戦略の形成にかかっている。

　他方、日本においても、地球サミットの直後に、細川連立政権の下で環境基本法が成立し、最初の環境基本計画が1994年（環境省, 1994）に、第2次環境基本計画が2000年（環境省, 2000）に、第3次環境基本計画が2006年（環境省, 2006）、さらに、第4次環境基本計画が2012年（環境省, 2012）に策定されている。この環境基本法は、全体として、すでに述べたように、日本の環境政策の第2の転換点という位置を占めている（坪郷, 2000.; 坪郷, 2009a.）。それは、閣議において環境基本計画を策定することは、制度的には他の政策領域においても環境要因が統合されることを意味している点、循環型経済社会の実現を目標にしている点、控えめな表現ながら環境影響評価の推進、環境保全に関して規制的手段にとどまらず、多様な手法を取り入れるべきこと――例えば環境税などの経済的手段を取る可能性を盛り込んでいる点、などに示されている。これらの論点は、1990年代後半の環境立法の制定につながっている。これには、循環型社会形成推進基本法、家電リサイクル法、自動車リサイクル法や、環境影響評価法が挙げられる。

　日本でも、川崎市など先駆的な自治体において、環境基本法以前に、環境基本条例が作られており、自治体における政策開発が先行している。川崎市の環境基本条例では、「市の施策」は環境政策を「基底」として、これを最大限に尊重して行うと規定している（田中, 1994.）。環境基本法制定後、多くの自治体で環境基本条例が制定され、市民参加の規定が設けられている。しかし、ローカル・アジェンダ21のような、市民活動団体・環境団体や企業を含む多様な担

い手による問題解決のための合意形成プロセスはまだ十分形成されていない。

2　日本の統合的環境政策

さて、環境基本法・環境基本計画において、構図としては統合的環境政策への接近が図られている。環境基本法では、第1に環境政策の基本理念として、「将来世代への環境の恵沢の継承」が政策目標とされ、第2に、「その実現のために関係者の公平な役割分担のもとで」、「環境への負荷の少ない持続的発展が可能な社会」の構築と、第3に、「国際的協調による地球環境保全の積極的推進」を挙げている。

環境基本計画（環境省, 2000, 21-24.）では、「持続可能な社会」の構築を目標としており、この社会は、「国民に対して、環境の側面はもとより、経済的な側面、社会的な側面においても可能な限り、高い質の生活を保障する社会」と規定している。そして、次の4つの長期的目標が挙げられている。①「環境への負荷をできる限り少なくし、循環を基調とする経済社会システムを実現する」、②「健全な生態系を維持・回復し、自然と人間の共生を確保する」、③「環境保全に関する行動に参加する社会を実現する」、④「国際的取り組みを推進する」、である。これは、「循環」、「共生」、「参加」、「国際的取り組み」という4つのキーワードに集約される。

さらに、「戦略的プログラム」としては、地球温暖化対策の推進、物質循環の確保と循環型社会の形成、環境への負荷の少ない交通、環境保全上健全な水循環の確保、化学物質対策の推進、生物多様性の保全という6つのプログラムが挙げられている。

この基本計画の策定過程では、十分とは言えないとしても、公聴会以外に、「パブリック・コメント」が実施され、一定の役割を果たしている。しかし、問題点として、オランダの環境政策計画と比較して、定量的な数値目標が定められず、参考値として挙げられているにすぎないことが指摘されてきた。

さて、2006年4月に閣議決定された第3次環境基本計画によって、参考資料ながら、初めて総合的環境指標が明示された。「第3部第4節　指標などによる計画の進捗状況の点検及び計画の見直し」の項（環境省, 2006, 188-189. 参考資

料）で「環境基本計画の進捗状況について全体的な傾向を明らかにし、環境基本計画の実効性の確保に資するため、環境状況、取組等を総体的に表す指標（総合的環境指標）を活用」するとし、次のような3種類の指標群を参考として補助的に用いると述べる。

第1に、「各重点分野に掲げた個々の指標」を全体として指標群として用いる。重点分野は、①地球温暖化問題に対する取り組み、②物質循環の確保と循環型社会の構築のための取り組み、③都市における良好な大気環境の確保に関する取り組み、④環境保全上健全な水循環の確保に向けた取り組み、⑤化学物質の環境リスク低減に向けた取り組み、⑥生物多様性の保全のための取り組み、⑦市場において環境の評価が積極的に評価される仕組み、⑧環境保全の人づくり・地域づくりの推進、⑨長期的な視野を持った科学技術、環境情報、政策手法などの基盤の整備、⑩国際的枠組みやルールの形成等の国際的取り組みの推進である。

このうち①では、次のような指標が使われる。

―エネルギー起源の二酸化炭素の排出量及び各部門の排出量、

―非エネルギー起源二酸化炭素、メタン、一酸化二窒素の排出量、

―代替フロン等3ガスの排出量、

―温室効果ガス吸収源に関する吸収量（個々の主体からの二酸化炭素排出量等に関する目安）、

―1世帯当たりの二酸化炭素排出量、エネルギー消費量、

―業務その他部門の床面積当たりの二酸化炭素排出量である。

第2に、「環境の各分野を代表的に表す指標の組み合わせによる指標群」を活用する（表4-2を参照）。

第3に、「環境の状況などを端的に表した指標」であり、「環境効率性」を示す指標（二酸化炭素排出量÷GDP、環境負荷と経済成長の分離の度合いを測るデカップリング指標）、「資源生産性」を示す指標（GDP÷天然資源等投入量）、環境容量の占有率を示す「エコロジカル・フットプリント」の考え方による指標という3指標が使われる。

さらに、「指標の運用を通じて、目標の具体化及び指標の充実化を図るとと

表 4-2　環境の各分野を代表的に表す指標の組み合わせによる指標群

分野	代表的に表す指標案
地球温暖化	・温室効果ガスの年間総排出量
物質循環	・資源生産性 ・循環利用率 ・最終処分量
大気環境	・大気汚染に係る環境基準達成率 ・都市域における年間30℃超高温時間数 ・熱帯夜日数
水環境	・公共用水域の環境基準達成率 ・地下水の環境基準達成率
化学物質	・PRTR*対象物質のうち環境基準・指標値が設定されている物質等の環境への排出量
生物多様性	・脊椎動物、昆虫、維管束植物の各分類群における評価対象種数に対する絶滅の恐れのある種数の割合

*PRTRは化学物質排出移動量届出制度である。
出所：環境省, 2006, 122.

もに、その基礎となる科学的知見及び統計の充実、データベースの整備、総合的な評価手法の開発」を行うと述べている。日本の環境基本法において、統合的環境政策の視点はあるものの、具体的な個別の政策づくりにおいて、ドイツのような政策分野間の政策統合が十分に試みられていない。したがって、「目標と指標づくり」についても、第3次環境基本計画においては、環境関連の分野に限定された「総合的環境指標」にとどまっており、目標分野の広がりに欠けている。

さらに、日本のこの時期の環境政策については、多くの問題点が指摘されていた。ここでは、2、3の点を見ておきたい。まず、高速道路建設や大規模な公共事業による環境破壊に関連して、公共事業の改革問題が頓挫していることである。次に、循環型社会に関しては、容器包装リサイクル法（回収費用を自治体が負担）、家電リサイクル法（廃家電の引き取り時、事後に費用負担）、自動車リサイクル法（使用済自動車の引取義務を製造業者に求め、製造費用に廃棄費用を含める方式がとられなかったこと。費用負担が使用済自動車の一部に限定されているこ

と。販売時、事前に費用負担)の3つの法律で異なる制度化が行われた。いずれの制度も、「生産者が第一次的に回収・リサイクルの費用を負担し、環境費用の内部化を行う」というOECDの「拡大生産者責任」の原則がゆがめられている。ここには、環境費用の内部化の視点から、制度設計を明確にするという課題が残されている。第3に、地球温暖化のためにも、環境税の導入が課題になっていた。

3　第4次環境基本計画における課題

　2006年の第3次環境基本計画では、「環境・経済・社会の統合的向上」等の環境政策の展開の方向が述べられ、10の重点分野や政策プログラムが挙げられている。この時期に、「第2次循環型社会形成推進計画」、「21世紀環境立国戦略」、「生物多様性国家戦略2010」の策定が行われている。

　第7章で論じるように、2011年の東京電力福島第一原発事故が起こり、「放射性物質による環境汚染」という深刻な環境問題が生じている。そして、原子力安全の分野が環境省の下に置かれたことにより、環境基本法の体系と原子力基本法の体系が接続された。そして、2012年に策定された第4次環境基本計画は、東日本大震災と原発事故等を踏まえて、「安全・安心」という視点の重要性が高まったと述べている。そして、「今後の環境政策の展開の方向」として、次の4点が挙げられている。①政策領域の統合による持続可能な社会の構築、②国際情勢に的確に対応した戦略を持った取り組みの強化、③持続可能な社会の基盤となる国土・自然の維持・形成、④地域を初め様々な場における多様な主体による行動と参画・協同の推進である。

　政策統合による持続可能な社会の構築に関しては、第3次計画の「持続可能な社会を実現するために、環境的側面、経済的側面、社会的側面を統合的に向上させることが必要である」を引き続き進めると述べている。この点は、環境政策とエネルギー政策の統合、環境政策と交通政策の統合、環境政策と農業政策の統合という政策間の統合を具体的に論じていくことが重要である。

　環境基本法の制定20年を迎えた2014年の環境法政策学会誌第17号では、日本における環境法の課題として、「持続可能な発展」、「未然防止原則・予防原

則」、「原因者負担原則（汚染者負担原則）」、「環境権」について、明文で原則として扱い、明確化することがあげられている（淡路, 2014.; 大塚, 2014.）。ここでは、環境基本法に規定されている基本理念が、また規定されていない拡大生産者責任や予防原則が、環境政策に十分に具体化されていないという問題意識がある。さらに、大久保規子氏（大久保, 2014, 29.）は、1992年の「環境と開発に関するリオデジャネイロ宣言」第10原則で述べられている「環境問題の解決には、あらゆる主体の参加が不可欠である」とし、この20年来、「市民参加原則の確立とその具体化」が環境政策の重点の一つであると指摘している。例えば、参加規定については、環境基本計画に関して参加手続きを法定し、次に「環境に重大な影響を及ぼす可能性のある計画、方針について」、「本格的なSEA（注記：戦略的環境アセスメント）を導入して、その中で参加の仕組みについても規定する」という課題である（大久保, 2014, 43-46.）。これは、「協力の原則」に関わる論点である。これに関連する国際的動きとして、1998年に「環境問題における情報へのアクセス、意思決定への市民参加及び司法へのアクセスに関する条約（オーフス条約）」が採択され、2001年10月に発効している。この「情報アクセス、行政決定への参加および司法アクセス」という3つの権利保障は、「市民参加原則の柱」であり、オーフス3原則と言われている。さらに、2010年には、普及のため、国連環境計画によって、この原則を盛り込んだ「バリガイドライン」が作成されている。

4　戦略拠点としての自治体と市民活動

　最後に、「戦略拠点としての自治体」について若干の議論を見ておきたい。日本における「持続可能性の戦略」の形成は、自治体を通じて行われると考える。というのは、1990年代を通じて、日本は「分権型社会への転換期」を迎えていたからである。その意味では、自治体は、「持続可能性の戦略」の「戦略拠点」である。まず、1990年代に明らかになった2つのトレンドに注目しておこう。
　第1は、地域において市民活動やNPO活動が拡大したことである。日本社会は、サービス化・情報化が進展するとともに、全国的に都市型社会が成立し

た。したがって、組織と個人の関係が希薄になり、人間関係が柔構造化し、環境問題を初めとして被害と加害の関係も一様ではなく、複合社会に変容している。この中で、市民活動も批判型・対抗型の運動から、政策提案型・政策実現型の市民活動に重点が移行している。市民の動きも、行政依存型から、自ら問題解決を図る市民活動型へ転換している。

　第2に、2000年の分権改革により、機関委任事務制度が廃止され、国と自治体の関係は、従来考えられてきた「上下・主従関係」から「対等・協力関係」に変わった。分権改革以後、それぞれの自治体は、「地域個性」に基づき地域の課題の整理を行うとともに、課題の解決のために自治体による総合政策の展開が課題となっている。そのためには自治体が「自治とは何か」を問うとともに、自ら変わることが必要である。自治体は「市民が起点の自治体政府」であり、地域の市民の自己決定・自己責任に基づき、市民の信託により自治体・長、自治体議会は成立している。この基本関係を明確にしておくことが重要である。

　地域の普通の市民が政策づくりを行うためには、まず、「地域情報」の提供を行うことが基礎になる。そして、市民参加で作成された自治体の基本構想・基本計画に基づいて個別計画・個別政策を策定実施し、国の省庁の縦割り体制の下で作られる関連事業を地域の課題毎に統合する総合政策・総合行政の視点が重要である。このような流れの中で、市民参加が拡大し、行政システムが変わることにより、環境政策とエネルギー政策、交通政策、農業政策など他の政策との統合化、総合化が進み、地域における「持続可能性」の戦略が始動するであろう。現在、自治体では、情報公開条例に続いて、市民と自治体との間の基本ルールである「市民ルール」づくりが始動している。自治体の憲法である自治体基本条例やまちづくり基本条例の制定の動きが広がり、さらに2006年以降、自治体議会の改革を目指す自治体議会基本条例の制定の動きが広がっている。

◇第**5**章◇

環境ガバナンスの理論

1 環境ガバナンスの構図

　これまで、エコロジー的近代化と統合的環境政策の理論、その枠組づくりである持続可能性の戦略ないし環境基本計画について述べてきた。こうした論点を踏まえて、次に、環境ガバナンスの理論について述べよう。

1 目標と結果志向のガバナンス

　環境ガバナンスの主要な要素として、「目標志向、結果志向のガバナンス」、「統合的環境政策」、「多様な主体（アクター）による協力ガバナンス」、「重層的ガバナンス」を挙げることができる。このように、環境ガバナンスは、より多様なアプローチを吸収して、「合意形成、広範囲な目標（経済的、社会的、エコロジー的）、問題解決のための戦略形成、市民社会アクターの参加」を重視している。また、環境ガバナンスは、「持続可能な発展」という政策理念を実現する戦略形成として位置づけられる。以下で、環境ガバナンスの議論の主要な論点を見ておこう（Jänicke and Jörgens, 2007.; Jordan and Schout, 2006.; Jordan and Lenschow, 2008a.; 松下, 2007b.; 坪郷, 2011.; 森, 2013.）。

　第1の論点は、「目標と結果志向のガバナンス」である。1992年以後に、環境政策のイノベーションを先導する「環境先駆国」の環境政策計画（オランダなど）において試みられてきたアプローチの新しさは、「目標設定、達成期限、

結果のモニタリング」にある。これは、「持続する複雑な長期的環境問題」には、特に調整された持続的な行動を行う実効性のある環境政策が必要だからである。「目標によるマネージメント」は、行政改革のためにも、環境計画においても、従来の行政や組織の「慣行や慣性」を打ち破るために有用である。環境目標の形成には、相互の学習プロセスと交渉・協議・合意形成プロセスが重要であり、環境問題の専門家、市民や利害関係者・当事者の参加に適合的な制度枠組を必要とする。これは、政策・制度のイノベーションを伴い、新しい政策手段の創出につながる。投資や企業活動にとっては、長期的な「安定した目標」があることにより、新しい技術革新の方向づけとなる。さらに、技術開発を含む環境容量の増大が志向される。そして、限定された戦略目標に焦点を合わせることが選択肢の一つである。環境政策の技術に関して、公害防止技術のようなフィルター技術など「エンド・オブ・パイプ（末端処理型）技術」から、生産システム自体の刷新を伴う生産システムの構造転換に焦点を当てたイノベーションへの転換が必要である。

2　統合的環境政策

　第2の論点は、各政策分野への環境政策の目標の統合を行う統合的環境政策である。これは、環境政策の他の政策領域への統合を意味し、政策分野間の統合戦略であり、例えば環境エネルギー政策、エコロジー農業政策（有機農業）、環境交通政策（鉄道や路面電車・バスシステムなど公共交通機関の整備、自転車道の整備など）が挙げられる。経済の中心部分が環境への長期的な負荷の主要な原因であるので、環境政策はその原因に焦点を当て、経済部門の質的転換を課題とする。環境政策は、経済政策、社会政策との統合により、その実効性が確保される。環境政策の他の部門への統合という議論は、すでにドイツにおける1970年代の環境プログラムの原則において、1982年のECの第3次環境行動プログラムにおいても見られる。しかし、困難な課題であり、構造変動にまでは至っていない。これまでの個別技術に基づく環境政策から、より広範囲な政策手段を要し、政治的交渉・協議と市民間のコミュニケーションプロセスを必要としている。政策統合の戦略形成のために、政策立案者と環境専門家により準

図5-1 水平的政策統合から垂直的政策統合へ

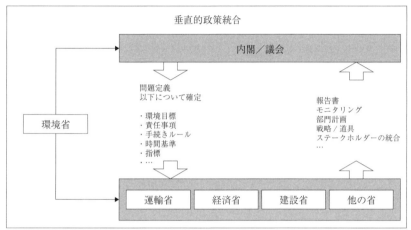

出所：Jänicke and Jörgens, 2007, 189.

備され、利害関係者が参加する経済と環境を統合する長期展望に関する「対話戦略」が有用である。

　政策分野間の統合戦略には、議会や政府による説明責任や手続きの明確化、報告義務やモニタリングを必要とする。環境政策の統合のために、図5-1のように、環境省による他の省に対する「水平的政策統合」から、強力な環境省による議会・政府と各省間に対する「垂直的政策統合」へと進展することが重要な論点である（Jänicke and Jörgens, 2007, 189.）。

　こうした論点との関連で、ジョーダンとレンショウは、OECD諸国における発展の比較を通じて、環境政策の統合を「プロセスを管理する」道具を通じて具体的に把握し、統合的環境政策の制度化のメカニズムを描く。まず、「コミュニケーション手段」を通じて、「構想、目標、戦略、知識」に関してコミュニケーションを行い、次に組織改革を行い、環境省を強化し、既存のネッ

トワークを開放し、新しいアクターを創出する。さらに、グリーン予算編成、法律影響評価・政策評価、戦略的環境アセスメントを初めとして政策形成手続きを変え、この制度を定着させる (Jordan and Lenschow, 2008b, 11.; Jacob, Volkery and Lenschow, 2008, 27-28.)。

3 協力ガバナンス

第3の論点は、多様な主体による協力ガバナンスである。すでに述べたように、環境ガバナンスの仕組みとして、多様な主体による協力ガバナンスが重要である。環境政策の形成・決定・実施・評価のプロセスに市民やNPO・NGO・環境団体、企業を含む多様な主体が参加することにより、環境政策の可能性と容量が拡大する。これには、政策プロセスの透明化と情報公開が前提条件である。参加の有効性は、政策プロセスの制度設計とも関係する。

さらに、政策手段に関して、政府による法的規制の限界から、政府と特定の目標グループ（特定の産業など）との間の協力的政策手段（例えば、政府と経済団体との環境協定の締結）が注目されている。この際、政府と目標グループとの直接協議が行われることにより、少なくともそのプロセスにおいて獲得した知識と経験がリソースとして使われるので、法的規制よりもよりよい結果をもたらすこと、利害関係者の参加・合意・結果志向という正統性の形態が含まれるので問題解決に寄与することが指摘されている。しかし、逆に問題点として「議会による立法をバイパスするもの」などの批判がある。このソフトな協力的政策手段は、ハードな政府による規制に代わるものではなく、その結果が失敗に終わった場合、法的規制が待っており、直接的法的規制の補完の役割を果たす。これは、「ヒエラルヒーの影（階層的規制）のもとでのソフトな手段」（フリッツ・W・シャルプフ）と言われる。さらに、政府による説明責任と透明性の問題がある。

協力ガバナンスにおいては、多様な担い手の参加が重要な要素である。その中でも、政策専門家や政策シンクタンクの役割が重要な論点である。これまでの政策形成プロセスにおいて、専門家委員会や審議会において政策専門家が関わり、議会において議員と専門家による政策に関する調査研究が行われ、議会

の法案審議において政策専門家の関与が行われている。例えば、ドイツ連邦議会では、必要に応じてテーマ別に設置される議員と専門家により構成される「調査委員会」(同数の連邦議会議員と専門家により構成される)の活動がある。テーマとしては、「気候変動問題」、「遺伝子工学」、「市民活動の将来」などが取り上げられ、政府が取り上げないテーマを積極的に取り上げる場合もある。日本では、2011年東京電力福島第一原発事故の際に、国会に専門家により構成される「東京電力福島原子力発電所事故調査委員会」が設置された事例がある。ドイツでは、政策専門家による「政策相談・助言(政策提言)」が専門分野として確立している。

4　重層的ガバナンス

　第4の論点は重層的ガバナンスである。環境ガバナンスは、グローバルレベル、地域統合レベル(ヨーロッパ連合)、国レベル、自治体レベルという重層的ガバナンスという特徴がある。これは、重層的な政府間の権限の「ゼロサム・ゲーム」ではなく、重層的政治により、よりよい結果を導く「プラスサム・ゲーム」を目指す。国レベルでは、補完性の原則に基づく分権が、環境政策の容量を増加させ、環境政策の実施に柔軟性を持たせる。地域環境交通政策や地域環境エネルギー政策などの政策分野によっては、自治体による決定がより実効性がある。さらに、環境政策においてグローバルレベルと自治体レベルの間の連携が重要であり、1992年の地球サミットでは、グローバルレベルでアジェンダ21が策定され、国レベルのアジェンダ21とともに、その自治体版である「ローカル・アジェンダ21」が取り組まれた。「ローカル・アジェンダ21」に取り組んでいる自治体は2001年の時点で113カ国6400以上ある。日本でも、この「ローカル・アジェンダ21」の用語が川崎市など一部の自治体で使われたが、各自治体の環境基本条例に基づく「自治体環境基本計画」がそれに該当する。自治体は、国際的連携の担い手である。

　重層的な環境政策において、国のレベルの環境政策は決定的なものである。例えば、環境政策の政策手段のイノベーションである環境計画、環境税・炭素税、排出量取引制度などは、環境先駆国によって先行して実施され、世界に普

及するという国際的波及力を持っている。イェニッケは、環境政策の国際的波及力のことを「環境政策のグローバリゼーション」(Jänicke, Kunig und Stitzel, 2003, 138-145.) と表現している。政府は、「コーディネーター」や「プロデューサー」の役割を担い、環境目標の形成プロセスにおいて「マネジャー」の役割を担う。さらに、国は、グローバルレベルの環境政策の形成の担い手である。これとの関係で、ドイツでは、1980年末に「環境国家」(M・クレェパーら (Kloepfer, 1989.)) という概念が使われるようになった。環境政治学のイェニッケ (Jänicke, 2007, 343.) によれば、「環境国家」は、従来議論されてきた経済国家、社会国家(ドイツでは福祉国家のこと)を超えて、「新しいエコロジー的基本機能」を持った現代国家である。

OECD 諸国において、環境政策の統合の多様なメカニズムが拡大することにより、政府活動のエコロジー化が進展している。ここでは、環境政策の統合構想の「トップダウンによる転換」と並んで、「現場」での具体的な問題解決をする「ボトムアップ」志向が固有のダイナミズムを持っている。多くの例が示すように、政策内容に関しては、地域の生活に近接している自治体レベルにおける政策開発が先導する。さらに、企業(市場部門)や、NPO・NGO(市民社会部門)が、重要な担い手である。多様なアクター間では、目的のための戦略的同盟の形成が、新しい環境政策を実現する可能性を拡大する。

2 環境政策における「環境目標と環境指標」

1 環境目標と環境指標

環境ガバナンスは問題解決型であることから、「持続可能な発展」を目指す具体的目標である「環境目標」の明確化と体系化が重要な論点である。この「環境目標」は、現状の把握と同時に、目標達成の基準となる「環境指標」を必要とする。こうしたシステムの構築を通じて、政策づくりにおける透明性は高まる。こうした環境目標の構造や環境指標システムに関しては、OECD 諸国における国レベルの環境政策計画をめぐる議論を通じて、論じられてきた (Jänicke und Zieschank, 2004, 39-62.; Sandhövel und Wiggering, 2004, 29-38.; Müller

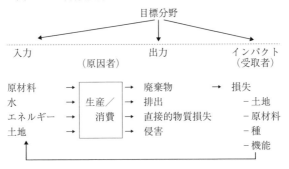

図5-2 目標形成のための原因者・受取者アプローチ

出所：Jänicke und Zieschank, 2004, 50.

und Wiggering, 2004a, 19-28.; Müller und Wiggering, 2004b. 221-234.; 中口, 2004. u.a.）。

　オランダや北欧のように、「目標志向、結果志向の環境政策計画」は、目標志向のマネージメントを通じて行政改革を行い、環境政策の有効性と効率性を高める道を歩んでいる。このためには、政策目標、政策の連続性、政策の予測可能性に関するコミュニケーション、経済適合的なイノベーション的解決方法、包括的な環境法による簡素化・透明性の確保が求められる。指標に関しては、OECDは、1990年代半ばに、気候変動、都市環境の質など15のテーマに関する約50のコア指標を含む「コア環境指標」を開発している。それぞれの目標毎に指標を「環境圧力（負荷）、環境状態、社会的応答モデル」（PSRモデル）に対応するように開発するものである（OECD, 2003, 21-23.）。さらに、「駆動力（環境行動への動機付け）、圧力（経済活動の帰結として）、状態とインパクト（環境状態と環境への影響の表れとして）、応答（変容した環境状態に対する環境政策的応答）モデル」（DPSIRモデル：Driving Force-Pressure-State-Inpact-Respons-Modell）という拡大モデルも議論されている（Müller und Wiggering, 2004b, 229-230.）。しかし、目標毎に設定される指標はこうした分類に明確に分けられるものではなく、このモデルで指標システムを発展させることは容易ではなかった。

　さて、従来、環境目標と環境指標の関係は明確ではなかった。図5-2のように、ドイツのベルリン自由大学環境政策研究所（イェニッケら）は、環境負荷の原因者と負荷の受取者の関係から、3つの目標分野を区別している。

(Jänicke und Zieschank, 2004, 49-52.)

　この図式から、3つの目標が区別される。

①入力（インプット）に関する目標として、原材料、水、エネルギー、土地が挙げられる。ここから原材料やエネルギーの消費の削減が目標とされる。

②出力（アウトプット）に関する目標として、廃棄物、排出、直接的物質の損失、侵害が挙げられる。

③インパクトないし影響に関する目標として、土地、原材料、種、機能を含むエコシステムの質とストックに関する目標がある。

環境目標や環境指標システムの設定には、次のような観点が重要である（特にJänicke und Zieschank, 2004, 42-43, 48-49.; Müller und Wiggering, 2004b, 222-230.; Sandhövel und Wiggering, 2004, 32-36.を参照）。

　第1に、環境目標のシステムは、エコシステムの持続性とともに、政策の統合を必要とするので、体系的な枠組を要する。

　第2に、環境目標は長期的射程を持つものであり、政策課題の優先順位を設定するものである。

　第3に、環境目標の発見のプロセスは、専門的知見に基づき、政治的交渉・協議を通じて調整が行われる。さらに、新しい技術の発展方向についての議論が必要である。

　第4に、持続可能な発展を実現する環境政策は、社会的合意を必要とするので、環境目標の発見プロセスにおいて多様な社会的グループの広範な参加が要請される。これは、環境問題の原因者の行動を変えるために重要である。

　第5に、環境指標は、「現状（環境負荷と環境影響）指標」と「目標指標」によって構成される。環境指標は、複合的な現状を特徴的に捉えるものであり、経済的、社会的、エコロジー的側面の連関を表現する。

　第6に、環境指標は、政策目標の優先順位の確定を容易にする。長期的に見れば、資源の消費、環境負荷、エコシステムの変化についての指標は政治的学習過程の基礎になる。環境指標は、環境政策が成功したか、失敗したかの評価において、重要な位置を占めている。

第7に、環境目標と環境指標のシステムは、国際的な調和化が必要である。

第8に、目標と指標を整合させるために、統計データの質の改善が必要である。

2 持続可能性に関する2030年目標

第2章で見たように、持続可能性は、環境（エコロジー）、経済、社会の3側面から議論されている。したがって、従来の「環境目標・環境指標システム」は、経済や社会の側面を含む「持続可能性の目標と指標システム」に拡大している。それをより鮮明にしたのは、2015年9月25日にニューヨークで開催された国連総会で採択された、「持続可能な発展のためのアジェンダ2030（SDGs）」である（http://www.mofa.go.jp/mofaj/gaiko/oda/about/doukou/page23_000779.html, 2017.07.27アクセス参照）。このアジェンダ2030は、3年以上にわたって開かれた交渉過程が続き、さらに広範囲な市民社会組織や企業、市民が参加して作成された。国連は、2000年にすでに「ミレニアム開発目標（MDGs）」を決めていた。これは、①貧困と飢餓の撲滅、②初等教育の普及、③ジェンダーの平等推進、④乳幼児死亡率の削減、⑤妊産婦の健康の改善、⑥HIV／エイズ、マラリアなど疾病の蔓延の防止、⑦持続可能な環境、⑧グローバル・パートナーシップの推進という8つの大きな目標と、さらに21の個別の目標、60の指標を持っている。MDGsでは、発展途上国に焦点が当たっていたが、MDGsの目標年であった2015年以降については、発展途上国、中進国、先進国に共通する世界共通課題として新しい枠組を決めた。ミレニアム開発目標が達成できなかったものを全うするために、2030年を目標にした「アジェンダ2030」において、持続可能な発展のための17の大きな目標、169の達成基準が策定された。

以下では、ドイツの持続可能性の戦略における17の目標・指標群と、日本の環境基本計画における環境目標・環境指標を取り上げる。前述のように、ドイツは2016年にすでにSDGsの目標と指標を取り入れた2002年の「持続可能な発展の戦略」の新版を策定し、2017年1月に閣議決定をしている。日本は、2016年5月に全国務大臣を構成員とする「持続可能な開発目標（SDGs）推進本部」を設置し、実施指針を決定し、その後2017年12月26日に「SDGsアクションプ

ラン2018」を決定している。なお、「持続可能な開発目標（SDGs）推進円卓会議」を設けて、政府、市民社会組織、企業、国際機関、団体の関係者など多様なアクター間で意見交換を行っている。SDGs市民社会ネットワークは、日本政府が「SDGs2030日本ビジョン」を策定することを提言している。このネットワークは、NGO/NPO、企業、協同組合、労働組合などを会員としている（一般社団SDGs市民社会ネットワーク https://sdgs-japan.net/2017.07.27アクセス参照）。

3　国レベルの持続可能性の目標と指標

1　ドイツの持続可能性の目標と指標

　ドイツにおいては、シュレーダー「赤と緑」の連立政権の下で、2002年4月に「ドイツのための展望──持続可能な発展のための私たちの戦略」（ドイツのアジェンダ21）を決定した（第4章2を参照）。「この戦略が成功しているのか、失敗しているのか」を測る道具として、経済、環境、社会に関する21の多様なテーマ分野が明示され、目標と指標群が設定された。2004年にシュレーダー連邦政府によって最初の『進展報告書』（Die Bundesregierung, 2004.）が、2008年にメルケル大連立政権（キリスト教民主同盟・社会同盟と社会民主党の連立政権）の下で2回目（4年毎に作成）の『進展報告書』（Die Bundesregierung, 2008.）がまとめられている。これとは別に、連邦統計局が「中立的で独立した報告書」として『ドイツにおける持続可能な発展　指標報告書』を2年毎に発行し、点検を行っている。2006年につぐ『2008年指標報告書』（Satistisches Bundesamt, 2008, 2-3, 62-74.）においては、21のテーマ分野35指標群に拡大している。保健領域では、「健康への満足度」という主観的な指標は、別の具体的な指標に置き換えられている。さらに、成果状態のマーク付（晴、晴のち曇、曇、雷雨の4段階）の全体が見渡せる一覧表が作成されている。

　環境問題専門家委員会は、『環境鑑定書2008　気候変動期における環境保護』（SRU, 2008, 74-80.）において、独立の連邦統計庁が『指標報告書』を発行しているので、より透明な信頼性の高いモニタリングが可能であると評価してい

る。他方、指標の選択に関して、環境の現状を表す指標が不足しており、「持続的で未解決な環境問題」を測る指標が重要であると批判している。さらに、「エネルギー・原料生産性」に対して、これが相対的な負荷を表しているに過ぎず、成果の評価に関して不適切な側面があると指摘している。さらに、2012年に第3回の『進展報告書』（Die Bundesregierung, 2012, 29-31.）をまとめ、指標は、21分野38指標に拡大している。

ドイツ連邦政府は、すでに述べた2015年の国連総会での「アジェンダ2030」の決定を受けて、2002年に策定した「持続可能な発展のための戦略」の2016年新版「ドイツの持続可能性の戦略」を作成し、2017年1月に決定した。表5－1のように、17の大目標と63の指標が定められている（Bundesregierung, 2017, 35-40.）。このようにドイツの持続可能性の目標と指標システムとして、一覧性のある表にまとめている。また、2011年に持続可能な企業経営のために作られた「ドイツの持続可能性基準（DNK）」については101頁を参照されたい。

なお、ドイツの環境データ・環境指標として、「ドイツ環境データ・オンライン」、「環境基本指標システム（KIS）」、「環境バロメーター」などが利用可能である。「環境基本指標システム」は、ドイツが持続可能な発展の道においてどこまで到達したのかを、50以上の指標で表すものである。「気候変動、生物的多様性・自然保護・農業、環境・健康・生活の質、資源利用・廃棄物経済」を主要なテーマとし、全体で16テーマに分類されている。また、比較可能性を志向する環境目標と環境指標システムとして、ヨーロッパ環境庁（EEA）の「EEA基本指標セット」、OECDの「環境指標基本セット」、「環境パフォーマンス指数（EPI）」（エール大学、コロンビア大学）、「環境持続可能性指数（ESI）」などがある。

2 日本の環境基本計画における環境目標と環境指標

日本においては、2006年4月に閣議決定された「第3次環境基本計画」によって参考資料ながら、初めて総合的環境指標が明示された（環境省, 2006）(58-60頁参照)。しかし、「第3次基本計画」では、この指標群は「参考として補助的に用いる」とのみ述べていた。これに対して、2012年の「第4次環境基

表5-1　ドイツ「持続可能性の戦略」の目標と指標システム（2017年）

Nr.	指標分野 持続可能性公準	指　標	数値目標	現状
SDG 1. 貧困をどこでも、どのような形でも終わらせる				
1.1.a	貧困 貧困を限定する	実質的な剥奪	2030年までに当事者の比率を明白にEU28カ国平均値以下にする	
1.1.b		重大な実質的な剥奪	2030年までに当事者の比率を明白にEU28カ国平均値以下にする	
SDG 2. 飢餓を終わらせ、食糧安全保障及び栄養改善を達成し、持続可能な農業を促進する				
2.1.a	農業経営 私たちの耕作地域で環境適合的に生産する	窒素過剰	2028～2032年に、ドイツの全体における窒素過剰を、農業利用地域でヘクタール当たり70kgに削減	
2.1.b		エコロジー農業	近々、農地におけるエコロジー農業の割合を、20％に高める	
SDG 3. あらゆる年齢のすべての人々の健康的な生活を確保し、福祉を促進する				
3.1.a	健康と食糧 より長く健康に生活する	早期死亡率（70歳以下の10万人当たりの死亡数）女性	2030年までに10万人当たり（女性）100人に下げる	
3.1.b		早期死亡率（70歳以下の10万人当たりの死亡数）男性	2030年までに10万人当たり（男性）190人に下げる	
3.1.c		青年の喫煙率（12～17歳）	2030年までに7％に下げる	
3.1.d		成年の喫煙率（15歳から）	2030年までに19％に下げる	
3.1.e		青年（11～17歳）の肥満率	上昇を持続的に止める	-
3.1.f		成年（18歳から）の肥満率	上昇を持続的に止める	
3.2.a	大気汚染 健康な環境を維持	大気汚染物質の排出（大気汚染物質、二酸化硫黄、窒素酸化物、アンモニア、非メタン炭化水素、PM.2.5の国排出指標）	2030年までに2005年の排出を55％に（5つの有害物質の非加重平均）削減	
3.2.b		ドイツにおけるより高いPM10に暴露されている人口の比率	2030年までに可能な限り全国で、年平均でPM10の細粉塵WHO基準値20μg／立方メーターの達成	
SDG 4. すべての人々に包摂的かつ公平な質の高い教育を提供し、生涯学習の機会を促進する				
4.1.a	教育 教育と資格を継続して改善する	早期退学（修了なし）の18～24歳	2020年までにその比率を10％以下に削減する	

4.1.b		第3次（大学・成人教育）あるいはポスト第2次修了の30～34歳	2020年までにその比率を42%に上昇させる	☀
4.2.a	家族のための展望 家族と職業の調和を改善する	子どもの全日保育（0～2歳）	2030年までに35%に増やす	☁
4.2.b		子どもの全日保育（3～5歳）	2020年までに60%に、2030年までに70%に増やす	☁
SDG 5. 男女の公正とすべての女性と少女の自己決定を達成する					
5.1.a	女性と男性の平等 社会における平等を促進	女性と男性の所得の格差	2020年までに10%に格差を縮小2030年まで持続	☁
5.1.b		経済の指導的地位にある女性	2030年までに上場会社と共同決定会社の監査役会の女性の比率を30%に	-
5.1.c	女性の経済的参加を世界的に強化	ドイツの発展支援政策による協力を通じて、女性と少女の職業的資格	2030年までに2015年水準の3分の1の遜増	-
SDG 6. すべての人々に水と衛生の利用可能性と持続可能な管理を確保する					
6.1.a	水質 水の物質的負荷の低減	流水のリン	すべての測定所で、2020年までに水の指針値を維持ないし下回る	☁
6.1.b		地下水中の硝酸塩—硝酸塩の50mg／ℓの閾値を超えないドイツの測定所の比率	2030年までに地下水中の硝酸塩の「50mg／ℓ」の閾値の維持	⛈
6.2	飲料水と衛生 世界的に飲料水と衛生へのより良いアクセス、より高い（安全な）質	ドイツの支援により、飲料水と衛生の新たなアクセスを維持する人間の数	2030年までに、年間1000万人に水へのアクセスを維持すべきである。	☀
SDG 7. すべての人々に低廉・確実な持続可能性のある、現代的なエネルギーへのアクセスを					
7.1.a	資源保全 省資源・効率的利用	エネルギー生産性	エネルギー生産性を2008-2050年の期間に年当たり2.1%の上昇	☁
7.1.b		一次エネルギー消費	2020年までに2008水準の20%削減、2050年までに50%削減	☁
7.2.a	再生可能エネルギー 将来能力のあるエネルギー供給の構築	総最終エネルギー消費における再生可能エネルギーの比率	2020年までに18%に、2030年までに30%に、2050年までに60%に増加	☀
7.2.b		総電力消費における再生可能エネルギーからの電力の比率	2020年までに少なくとも35%に、2030年までに少なくとも50%に、2040年までに少なくとも65%に、2050年までに少なくとも80%に増加	☀

第5章　環境ガバナンスの理論

	SDG 8. すべての人々のための耐久性のある、包摂的、持続可能な経済成長、生産力のある完全雇用と人間らしい労働を促進			
8.1.	資源保全 省資源・効率的利用	全資源生産性：（国内総生産 BIP + 輸入）／原材料入力（RMI）	2030年まで2000-2010年の傾向を維持	☀
8.2.a	政府財政赤字 財政健全化―世代間公正の創出	政府財政赤字	年間政府財政赤字を国内総生産の3％以内 2030年まで維持	☀
8.2.b		構造的赤字	財政均衡予算、全構造的赤字を国内総生産の最大0.5％に限る 2030年まで維持	☀
8.2.c		債務残高	債務残高率を国内総生産の最大60％に限る 2030年まで維持	☁
8.3	経済的将来配慮 良い投資条件を創出―福祉を持続的に維持	国内総生産（BIP）に対する総設備投資の関係	その比率の適正な発展 2030年まで維持	☁
8.4	経済的業績能力 経済的業績を環境適合的・社会適合的に上昇	1人当たりの国内総生産	恒常的な適正な経済成長	☀
8.5.a	雇用 雇用水準を引き上げ	全就業率（20歳から64歳）	2030年までに78％に上昇	☀
8.5.b		高齢者の就業率（60歳から64歳）	2030年までに60％に上昇	☀
8.6.	グローバル供給網 人間に相応しい労働を世界的に可能にする	繊維同盟の加盟社数	2030年までに有意な上昇	-
	SDG 9. 強靭（レジリエント）なインフラ構築、包摂的かつ持続可能な産業化の促進、イノベーション支援			
9.1	イノベーション 将来を新しい解決策で設計	研究と発展のための民間及び公的支出	2030年までに国内総生産の少なくとも年当たり3％に	☁
	SDG 10. 国内および各国間の不平等を是正する			
10.1.	教育の機会均等 ドイツにおける外国人の学校教育の成果	外国人の学校修了者	2030年までに、少なくとも基幹学校の外国人修了者の比率の上昇とドイツの学校修了者の比率と同一化	☁
10.2.	分配の公正 ドイツ内の余りに大きい不平等を是正	社会移転によるジニ係数所得	2030年までに、社会移転によりジニ係数所得をEU28カ国平均値以下に	☁
	SDG 11. 都市と住宅地を包摂的、安全、強靭で持続可能にする			
11.1.a	土地利用 持続的土地利用	住宅地と交通利用地域の増加	2030年までに1日当たりの増加を30ha 削減	☀
11.1.b		1人当たりm²の利用余地の減損	居住者に関係する利用余地の減損を削減	☀

77

11.1.c		住宅地と交通利用地域当たりの住民（居住密度）	居住密度の減少なし	☁
11.2.a	交通 交通の確保、環境を保護	貨物輸送における最終エネルギー消費	2030年までに15-20%の減少を目標	⛈
11.2.b		旅客輸送における最終エネルギー消費	2030年までに15-20%の減少を目標	⛈
11.2.c		人口を考慮して、各停留場から一番近い中規模商業地・中心商業地までの公共交通の走行時間	短縮	-
11.3.	住宅 皆のための低廉住宅	住宅費の過剰負担	2030年までに人口の13%以下に削減	⛈
SDG 12. 持続可能な消費・生産形態を確保する				
12.1.a	持続可能な消費 消費を環境適合的、社会適合的に設計	国の環境マーク付きの製品の市場比率（将来的に：信頼できる野心的な環境的保証・社会的保証を付与された製品とサービスの市場比率）	2030年までに34%	-
12.1.b		消費によるエネルギー消費と CO_2 排出	エネルギー消費の継続的削減	⛈
12.2	持続可能な生産 持続可能な生産の比率を恒常的に増加	環境マネージメントEMAS	2030年までに5000組織に	☁
SDG 13. 気候変動とその影響を軽減するための緊急対策をとる				
13.1.a	気候保護 温室効果ガス削減	温室効果ガスの排出量	2020年までに少なくとも1990年水準の40%削減、2030年までに少なくとも55%削減、2040年までに少なくとも70%削減、2050年までに80〜95%削減	☁
13.1.b	ドイツの国際的な気候基金への寄与	温室効果ガスの削減と気候変動に適応するための国際的な気候基金への資金提供	資金提供を2020年までに2014年水準の2倍に	🌣
SDG 14. 持続可能な開発のために大洋・海洋、海洋資源を保全し、持続可能な形で利用する				
14.1.aa	海洋保護 海洋・海洋資源を保全し、持続可能な利用	沿岸海と海洋中の栄養素登録——バルト海へ流入する窒素	表面水域指令による良い状態の維持（バルト海に流れ込む河川における全窒素の年間平均値は、ℓ当たり2.6mgを超えない）	☁
14.1.ab		沿岸海と海洋中の栄養素登録——北海へ流入する窒素	表面水域指令による良い状態の維持（北海に流れ込む河川における全窒素の年間平均値は、ℓ当たり2.8mgを超えない）	☁

14.1.b		北海とバルト海の持続可能な放流される魚の生息数の割合	すべての経済的に利用される魚の生息数は、2020年までにMSYアプローチに従って持続可能に管理されるべき	☁
SDG 15. 陸域生態系を保護・回復し、その持続可能な利用を促進、持続可能な森林経営、砂漠化への対処、土地の劣化をとめ、回復する、種の多様性の損失をとめる				
15.1.	種の多様性 種を維持—生物圏保護	種の多様性と国土の質	2030年までに指標値100に上昇	☁
15.2.	生態系 生態系を保護、生態系出力を維持、生物圏保護	生態系の富栄養化	2030年までに2005年水準の35%に削減	-
15.3.	森林 森林伐採を回避	REDD+基準による発展途上国に対する確認された森林の維持ないし森林再生対策への支払い	2030年までに上昇	☁
SDG 16. 持続可能な開発のための平和で包摂的な社会を促進し、すべての人々に司法へのアクセスを提供し、あらゆるレベルにおいて効果的で説明責任のある包摂的な制度を構築する				
16.1.	犯罪 個人の安全をさらに高める	犯罪行為	住民10万人当たり把握された犯罪行為数を、2030年までに7000以下に減少	☁
16.2.	平和と安全 武器拡散を抑止するための、特に小火器の撲滅のための実際的な措置の実施	該当する世界地域でドイツによって実行された小型兵器と軽武器の確保、登録及び破壊のためのプロジェクト数	2030年までに毎年少なくとも15プロジェクト	☀
16.3.a	良き政府管理 汚職防止	ドイツにおける汚職認知インデックス	2030年までに改善	☀
16.3.b		ドイツの発展援助のパートナー国における汚職認知インデックス	2030年までに改善	☀
SDG 17. 持続可能な発展のための実施手段を強化し、グローバル・パートナーシップを活性化させる				
17.1.	発展協力 持続可能な発展を支援	総国民所得における政府発展協力費の比率	2030年までに総国民所得の0.7%に上昇	☀
17.2.	知識移転、特に技術の分野で 国際的に知識を伝える	発展途上国と後発発展途上国からの学生と研究者の年間の比率（学期毎）	2020年までに10%上昇、その後安定化	☀
17.3.	市場開放 発展途上国の貿易機会を改善	ドイツへの全輸入における後発発展途上国からの輸入の比率	2030年までに2014年の水準の100%の比率の拡大	☁

指標の現状マーク

 目標が（ほぼ）達成される。

 発展は、正しい方向に向かっている。しかし、目標は5〜20%の間にとどまっている。

 正しい方向に発展、しかし20％以上不足している。

 誤った方向に発展。

出所：Die Bundesregierung, 2017, 35-40.

本計画」においても、参考資料として総合的環境指標が付けられているが、以下のように、指標群を「活用する」という表現に変わっている（環境省, 2012, 152.）。「第三部第4節　指標等による計画の進捗状況の点検」の項で、「環境基本計画の実効性の確保に資するため、環境の状況、取組の状況等を総体的に表す指標（総合的環境指標）を活用」するとし、次のような4種類の指標群を合わせて「活用する」と述べている。

まず事象面で分けた分野は、「各重点分野における個別指標群」と「各重点分野を代表的に表す指標の組み合わせによる指標群」の2分野がある。第1に、「事象面で分けた各重点分野に掲げた個別指標群」である。これは、各重点分野の「個別施策の点検への活用」に使う。この重点分野は、「①地球温暖化問題に関する取組、②生物多様性の保全及び持続可能な利用に関する取組、③物質循環の確保と循環型社会の構築のための取組、④水環境保全に関する取組、⑤大気環境保全に関する取組、⑥包括的な化学物質対策の確立と推進のための取組」である（環境省, 2012, (1)-(2),）。

このうち「地球温暖化問題に関する取組」では、次のような指標が使われる。温室効果ガスの排出量及び吸収量、国の機関の排出削減状況、中長期目標を定量的に掲げている地方公共団体実行計画の策定割合、冷媒として機器に充てんされたHFCの法律に基づく回収状況、森林等の吸収源対策の進捗状況である。

第2に、「事象面で分けた各重点分野を代表的に表す指標の組み合わせによ

第 5 章　環境ガバナンスの理論

表 5-2　事象面で分けた各重点分野を代表的に表す指標の組み合わせによる指標群

分　野	代表的に表す指標
「地球温暖化問題に関する取組」	・温室効果ガスの排出量及び吸収量*
「生物多様性の保全及び持続可能な利用に関する取組」	・脊椎動物、昆虫、維管束植物の各分類群における評価対象種類に対する絶滅の恐れのある種数の割合
「物質循環の確保と循環型社会の構築のための取組」	・資源生産性 ・循環利用率 ・最終処分量
「水環境保全に関する取組」	・公共用水域の環境基準達成率 ・地下水の環境基準達成率
「大気環境保全に関する取組」	・大気汚染物質に係る環境基準達成
「包括的な化学物質対策の確立と推進のための取組」	・環境基準、目標値、指針値が設定されている有害物質については、その達成率 ・各種の環境調査・モニタリングの実施状況（調査物質数、地点数、媒介数） ・PRTR 制度の対象物質の排出量及び移動量 ・化学物質審査規制法に基づくスクリーニング評価及びリスク評価の実施状況

「*本分野については、我が国のエネルギー構造や産業構造、国民生活の現状や長期的な将来の低炭素社会の姿を踏まえ、2013年以降の地球温暖化対策・施策の議論を進めた上で設定することとする。現時点」のもの。
出所：環境省, 2012, (3).

る指標群」である。これは、表 5-2 のように、「各分野を代表的に表す指標を選び、組み合わせた指標群」である。

　第 3 は、以下のような「環境の各分野を横断的に捉えた指標群」である。a）「環境負荷と経済成長の分離度に係る指標」——環境効率性、資源効率性。b）「環境と経済との統合的向上に係る指標」——環境分野の市場規模、環境ビジネスの業況、グリーン購入実施率、環境報告書を作成・公表している企業の割合。c）「持続可能な資源利用に係る指標」——再生可能資源投入割合。d）「環境技術や環境情報の整備状況に係る指標」——環境分野の特許登録件数、環境情報に関する国民の満足度。e）「日本と世界の環境面での相互依存

性に係る指標」──消費ベース（フットプリント）の指標、資源の自給率（食料、木材、エネルギー）。ｆ）「日本の環境面での国際貢献度に係る指標」──国：環境分野に関するODA拠出額、都市：国際に関連した環境活動を行っている自治体数、企業：―、NGO/NPO：―。ｇ）「持続可能な社会を支える自然資本に係る指標」──森林面積・森林蓄積量、藻場・干潟面積。ｈ）「持続可能な社会を支える人工資本に係る指標」──生活基盤：都市域における水と緑の面的な確保状況を示す指標、環境負荷の少ない人工資本：再生可能エネルギーの導入量。ｉ）「持続可能な社会を支える社会関係資本」（環境省, 2012, (4).）。

　第4は、「環境と社会経済の関係を端的に表す指標」である。これについては、①環境効率性、②資源生産性、③環境容量の占有率（エコロジカル・フットプリント）、④「環境に関する満足度を示す指標」の4つが挙げられている（環境省, 2012, (5).）。

　「環境効率性」を示す指標は、「環境負荷と経済成長の分離の度合いを測るためのデカプリング指標」であり、「二酸化炭素排出量÷GDP」を使用する。

　「資源生産性」を示す指標は、「投入された資源をいかに効率的に使用して経済的付加価値を生み出しているかを測る指標」であり、当面 GDP÷天然資源等投入量を使用する。それは、「天然資源等投入量は、資源だけでなく、資源採取に伴う環境負荷や廃棄物等も表すことができ、複数の分野に対応しうる総合性の高い指標でもある」からである。

　環境容量の占有率を示す「エコロジカル・フットプリント」の考え方による指標は、世界自然保護基金（WWF）によって国際比較の報告書が出されている。しかし、エコロジカル・フットプリントは、すべての環境問題や資源を対象としていないので、「管理された森林面積」等の補助指標が必要であると指摘されている。

　4番目は、「生活の質の環境的側面を示す指標」であり、「快適性や安全性を測る指標」であるが、現時点で適当な指標がないことから、「環境に関する満足度を示す指標」について検討することを述べている。例えば、「環境基準（例：騒音）を達成している地域に住む人口」等を挙げている。

今後の課題として、「持続可能な社会に係る指標開発」と「指標開発に必要な各種データの整備」が述べられている。前者に関しては、「複数分野を横断的に測り、端的に環境の状況を把握」する統合指標や、地域特性を明示し地域の課題を把握する「地域別の指標」等の開発である。

　さらに、「指標の運用を通じて、目標の具体化及び指標の充実化を図るとともに、その基礎となる科学的知見及び統計の充実、データベースの整備、総合的な評価手法の開発」を行うと述べている。日本の環境基本法において、統合的環境政策の視点はあるものの、具体的な個別の政策づくりにおいて、ドイツのような政策分野間の政策統合が十分に試みられていない。したがって、「目標と指標づくり」についても、環境関連の分野に限定された「総合的環境指標」にとどまっており、目標分野の広がりに欠けている。

　なお、第5次環境基本計画の策定中であるが、その中間取りまとめにおいて、「持続可能な開発目標（SDGs）の考え方の活用」が言及されている。

4　自治体レベルにおける持続可能性の目標と指標

1　ドイツにおける自治体の持続可能性目標と指標システム

　国レベルの「アジェンダ21」の自治体版である「ローカル・アジェンダ21／ローカル・アクション21」の取り組みが行われている。地域における多様な主体が参加するプロセスであるローカル・アジェンダ21の取り組みでは、自治体レベルにおける「持続可能性の目標・指標システム」の開発が行われている。自治体を対象とした2000年以後の事例として、EUの「持続可能な地域発展のためのヨーロッパ指標」（2000年）、ドイツにおける「自治体の持続可能性のための指標への共同勧告」（2003年）などがある。日本においては、自治体の「環境度調査」として、「共通目標調査」（環境自治体会議）（2000年）や「自治体環境診断」（エコチェック、自治労）（2007年）などがある。

　ここでは、ドイツにおける「自治体の持続可能性のための指標への共同勧告」（表5-3参照）（Agenda-Transfer, 2003.）を取り上げる。これは、「福音教会研究共同体研究所（FEST）」、「ドイツ環境支援（DUH）」、「行政簡素化のため

表5-3　自治体の持続可能性のための指標への共同勧告（ドイツの自治体のために）

活動分野	指　標
環境	
廃棄物	人口1人当たり年間の廃棄物kg
土地	全面積のうち住宅・建物・交通面積の割合
水	家計当たり（リットル／1人当たり／日）水道の消費
低エネルギー度	家計の電力消費量、自治体施設の1人当たり年間kWh
再生可能エネルギー	再生可能エネルギーの発電量1人当たりkWなど
交通	1000人あたりの乗用車
エコシステムと種の多様性	全土地における自然保護地域の比率、追加的に自然記念物の数と地域
経済	
雇用	失業率（性、年齢、期間）
職業教育	社会保険適用被用者1000人当たり職業訓練者の数
経済構造	経済部門別の社会保険適用被用者の比率
自治体財政	1人当たり自治体債務
企業の環境保護	環境マネージメントシステムの取得事業所数
エコロジー農業	全農業利用地域におけるエコロジー的農業の地域の比率
社会	
所得と財産	住民1000人当たり生計費の扶助を受けているものの数
人口構成と居住構造	住民の移動率
女性と男性の公正さ	自治体議会の女性と男性の議員数の割合
国際的公正さ	自治体財政における発展協力支出の割合、1人当たりの割合
安全	住民1000人当たりの犯罪数
家族にやさしい構造	それぞれの年齢集団における子どもの全数に対する、「3歳以下まで」年齢集団、「3歳から6歳まで」年齢集団のための保育数（自治体施設及び福祉団体など民間施設）の割合
統合	基幹学校修了の外国人・ドイツ人生徒の全数における基幹学校修了なしの外国人・ドイツ人生徒の割合

出所：Agenda-Transfer, 2003.

の自治体協会（KGSt）」、「ローカル・アジェンダ21連邦サービスセンター」、環境団体、連邦や州の機関など12組織によってまとめられた。環境から雇用、福祉、外国籍市民の統合を含む20指標からなる。エネルギー政策、交通政策、農業政策、雇用政策、土地利用政策との統合が重点分野である。

表5-4 環境自治体会議の共通目標

分野	目標	達成度を測る指標
1．地球環境	省エネを実行し、環境にやさしいエネルギーを導入することによって、地球温暖化防止に貢献します	地域全体のCO_2排出量（電力消費量）、庁内の事務事業に伴うエネルギー消費量
2．大気環境	市民の健康を維持するために大気汚染を防止し、環境にやさしい交通手段への転換を図ります	自動車の交通手段分担率（都市のみ）
3．水環境	水質を保全・改善し、清らかな水辺環境を維持・回復します	生活排水の処理率
4．自然環境・水資源	身近な緑を保全・創造し、自然の水循環を保全・回復します。また、森林・農地の持つ公益的機能を維持しながら、自然資源を活用した産業を育てます	緑地率、耕作放棄地率、大気浄化機能・洪水防止機能・土壌浸食防止機能などの環境保全機能
5．廃棄物・資源	廃棄物の量を減らし、資源の有効利用、循環利用を進めます	一人あたり一般廃棄物焼却・埋立率、資源化率
6．有害物質	有害物質の発生源となる素材の使用を抑制し、これを発生させないようにします	焼却ごみ中の燃焼不適物等の含有量
7．環境行政	総合的な環境行政推進・評価のしくみを確立します	環境基本条例、環境基本計画、ISO14001など環境マネージメントの導入状況
8．環境学習	地域内や他地域の住民の環境への関心・理解を深め、自主的な環境保全活動を推進します	学校での環境学習、公民館などにおける環境学習講座数、参加者数
9．住民参加	環境行政への住民参加や住民主導の地域づくりを推進します	環境政策に係る委員会やパートナーシップ型活動等への市民参加人数

出所：環境自治体白書, 2005, 51.

2 日本における環境自治体会議の目標と指標

日本では、自治体の長を構成メンバーとする環境自治体会議が、1998年から「地球環境問題に対して、自治体として最低限取り組むべき課題について分野ごとの取り組み目標」を掲げ、「取り組みの進捗状況を広く社会に向けて公開していく」ことについての議論に取り組んでいる。そして、2000年5月の「第8回環境自治体会議水俣会議」において9分野からなる共通目標（表5-4）を

表5-5　環境自治体会議　第2次共通目標（環境目標）

大項目	共通項目	共通目標の達成状況を評価する指標
①公共部門の環境配慮	行政の事務事業に伴って排出される温室効果ガスや廃棄物の抑制、公共事業における環境配慮を行います。	●事務事業からの温室効果ガス排出量 ⇒各自治体最低20％削減（2010年比）（公共施設の再生可能エネルギー導入を含む）
②エネルギー・低炭素	再生可能エネルギーの利用や省エネルギー活動を実践することにより、災害に強い低炭素型社会のまちづくりを進めます。	●化石燃料由来のエネルギー消費量 ⇒人口1人あたりの家庭・業務部門エネルギー消費量25％削減 ⇒再生可能エネ生産量を倍増
③交通・都市基盤	環境負荷の少ない移動手段を確立します。	●1人あたりの自動車CO_2排出量25％削減 ●環境負荷の少ない交通手段（徒歩・自転車・公共交通）の利用率（分担率）
④水環境	健全な水循環や、清らかな水・水辺環境を維持・回復します。	●生活排水処理率95％
⑤生物多様性	森林・農地の持つ環境保全機能を維持し、生物多様性を保全・創造します。	●地域を代表する動植物（各自治体が独自に設定） ・維持・増加
⑥廃棄物・資源循環	廃棄物の排出や有害物質の使用を減らし、資源の循環利用を進めます。	●1人1日あたりのごみ排出量 ・全国平均を5％以上上回っている自治体は平均値まで削減 ・それ以外の自治体は一律5％削減 ●1人1日あたりの年間最終処分量 ・10年後に各自治体で半減
⑦地域資源型活用まちづくり	地域資源の活用や地域間連携による産業育成やまちづくりを進め、食糧や主要な資源の自給度を高めます。	●各自治体の地域の資源（農作物、観光客数など各自治体が独自に設定） ・倍増
⑧環境行政	すべての職場で環境を意識した、総合的で効率的な環境マネージメントシステムのしくみを確立します。	●外部評価・相互監査・市民監査を取り入れたEMSを導入 ・すべての自治体で導入
⑨環境学習・ESD	住民へ環境情報を分かりやすく提示し、環境への関心・理解を高め、実践活動を促します。	●環境学習の受講者 ・10年後に人口と同数にする。
⑩地域協働	住民との協働や住民主導による地域づくりを推進します。	●パートナーシップで実施する事業数 ・倍増（パートナーシップ事業の定義は要検討）

出所：中口＋環境自治体会議環境政策研究所, 2013, 153-154.

採択し、2000年（1999年次）から達成状況をまとめている。その際、2つの方法をとっている。第1に、分野ごとの環境政策のメニューを示し、その取り組み状況、取り組み数の増減の比較・公表、第2に、環境の状況を測る指標値の調査・分析である。さらに、会員自治体の特徴的な政策事例を紹介している。この共通目標と指標は、環境政策の関連分野に限定されている。自治体レベルにおけるより広い視野からの統合的環境政策の展開のためには、従来自治体が経験してきた政策分野を超えることが必要である。自治体レベルでそれぞれの自治体が、地域個性に応じて、地域の課題を統合する持続可能性のための目標と指標を開発することが重要である。

　環境自治体会議は、2010年度に会員自治体の担当者による「第2次共通目標検討委員会」を設置し、2011年の「第19回環境自治体会議にいはま会議」に第2次共通目標の提案を行い、2012年の「第20回環境自治体会議かつやま会議」で採択された。これにより、最初の共通目標の分野を拡げ、表5-5のように公共部門の環境配慮、エネルギー・低炭素、交通・都市基盤、地域資源活用型まちづくりなど、10分野の大項目が挙げられている。10年後に達成を目指す分野別数値目標（環境目標）が12、10年後に重点施策の実施率80％を目指す対策目標59が挙げられている（中口＋環境自治体会議環境政策研究所, 2013, 148-159.）。

5　持続可能性に関する「目標と指標」づくりの課題

　持続可能性を目指す「目標と指標」づくりのためには、体系性を意識しつつ、より具体的で実践性に富んだ指標の設定が必要であり、実践の蓄積とモニタリングを通じて、指標の定期的見直しが不可欠である。そのためには、透明で情報提供が十分に行われる政策形成過程、多様な主体が参加できる仕組みが必要である。科学的知見に基づき、政治的対話（コミュニケーション）を通じて、政府部門、市民社会部門、市場部門の多様なアクター（主体）の間に社会的合意をつくることが重要である。それは、主体間の部分的紛争と緊張関係と無関係ではないであろう。ドイツにおいて、「持続可能性の戦略」の点検・評価、指標づくりは、首相主導で、グリーン内閣（事務次官会議）、連邦統計庁、

持続可能な発展のための委員会、持続可能な発展のための議会諮問委員会、環境問題専門家委員会、環境団体、企業を初めとする民間組織の間の対話プロセスを通じて行われている。

　また、ドイツでは、アジェンダ21の国レベルの作成が遅れ、むしろ、自治体レベルにおける参加型のローカル・アジェンダ21の発展が、国レベルの「持続可能な発展のための戦略」の作成の準備になった。この戦略の形成は遅れたが、シュレーダー連立政権のもとで、エネルギー政策と環境政策の統合、農業政策と環境政策の統合という政策統合と、持続可能性の戦略づくりが、並行して行われ、こうした個別の政策統合が持続可能性の戦略をより実効的なものにする基盤になった。これに対して、日本は、環境基本計画を比較的早期に作成したが、先行したオランダ環境政策計画をモデルの一つとしながら、肝心の具体的な目標と指標づくりを遅延させた。それは、政権政策として環境政策の統合が進展しなかったところによる点が大きい。省エネ・リサイクル社会から循環型社会への議論の進展には、政策統合の視点が含まれているが、「拡大生産者責任」の原則が貫徹されず、OECDやドイツにおける議論と比較して、中途半端なものである。

　環境基本計画も、持続可能性の戦略も、総合的な統合政策を目標にしているので、具体的な展開に関しては、これまでの政権の重点政策の中で政策統合が始動しているかどうかに大きく依存している。ドイツにおいて、シュレーダー連立政権期に、政策分野間の政策統合が始動したのは、緑の党の定着と政権交代（1982年保守リベラル政権、1998年「赤と緑」の連立政権、2005年大連立政権）を経ることにより、環境政策が、連邦議会に議席を持つすべての政党の共通政策となっているという要因の影響が大きい。

　さらに、環境政策計画や「持続可能性の戦略」の実効性は、首相（シェフ）主導で、グリーン内閣など政策形成の制度的なセンターが形成され、機能することに依存する。また、国レベルにおける「目標と指標」づくりが実効性を持つためには、市民生活の場である基礎自治体レベルにおける「目標と指標」の開発が試みられることが重要である。

　日本の第1の課題は、政策部門間の統合を、例えばエネルギー政策と環境政

策の統合、交通政策と環境政策の統合、農業政策と環境政策の統合などをより明確に進めることである。さらに、専門機関や自治体において統計データの整備・開発、環境団体や企業の参加、市民参加の仕組みによる指標の試行的開発を行うことも課題である。

【注】
1) 統合的環境政策については、EU、イギリス、ドイツ、日本の事例等を取り上げているLenschow, 2002.; Jordan, Wurzel and Zito, 2003.; Jordan and Schout, 2006.; Jordan and Lenschow, 2008a.; Bundesregierung, 2008.; 坪郷, 2005.; 坪郷, 2009a.; 森, 2013. を参照されたい。環境ガバナンス戦略については、Jänicke and Jacobs, 2006.; 松下2007.; 坪郷, 2009a.; 坪郷, 2009b.; 坪郷, 2011.; Jänicke, 2012.; Tsubogo, 2014.を参照されたい。

◇第**6**章◇

ドイツにおける統合的環境政策と環境ガバナンス

1 統合的環境政策と環境ガバナンス[1][2]

　本章では、ドイツに焦点を当て、1970年代の統合的環境政策から、2000年代の環境ガバナンスまでの歴史的展開に関してその特徴を明らかにし、さらに環境ガバナンスの制度配置と政策専門家の重要性について述べる。

1　1970年代の統合的環境政策
　ドイツにおける統合的環境政策は、1970年代初めに、戦後初の社会民主党（SPD）主導のブラント社会リベラル連立政権の下で開始された。政府主導の「上からの環境政策」の始まりである。1971年に最初の環境計画プログラムが策定され、1976年の政策評価後、改定環境計画プログラムがつくられた。1971年の環境計画プログラムは、下水と大気の質のための長期的目標と、148の具体的な措置を含む包括的な環境計画であった。このとき、100以上の法律制定が計画され、このうち54が予算化された（Müller, 1995, 63-66, 106-114.; Jänicke, 2005, 40.）。法律の制定計画と環境政策の原則を規定している点から、当時有数の環境計画であった（Jänicke, 1998, 40.; Jänicke, 2003, 631.）。環境政策の原則として、汚染者費用負担の原則、事前予防の原則、協力の原則が規定され、「環境政策が公式に政策横断的課題であることが規定」された。環境政策を他の政策分野に統合するために、1972年に首相を議長とする「環境と健康のための内閣

委員会」、内務相を議長とする「環境問題のための局長常任委員会」が設置された（Müller, 2002, 58-59, 65-67.; Jänicke, 2005, 50.）。連邦と州の調整のために、「連邦と州の環境相会議」も設置された。この時期、連邦内務省が担当官庁となり、新しく環境政策の分野が立ち上げられたが、連邦国土経済省、交通省、防衛省、青年・家族・保健省など、環境保護の権限は分かれていた（Schmidt, 2007, 423-424.）。

環境政策の統合を促進するために、1971年に「環境影響評価法案」の準備が始まったが、計画段階にとどまり実現しなかった。この法案は、環境政策を担当していた連邦内務省に他の省のプログラムを評価し、マイナスの環境影響を持つプログラムを予防する権限を与えるものであった。すでに述べた、連邦内務省が他の省に対して「水平的影響力」を行使する制度である（66頁の図5-1を参照）。この法案の実現は、EU の環境影響評価制度指令によって実施される1990年まで待たねばならなかった（Müller, 2002, 59.）。

さらに、内務省は、当初、環境適合的な産業と製品を発展させるために、経済部門の創造性を利用し、そのため経済的誘導手段を重視していた。しかし、その成果は、1976年に導入された軽度の排水課徴金制度に限定された。そのため、連邦の環境政策は、排出基準を設定する法的規制政策にシフトをしていった。例えば、1974年の大気浄化法であり、「利用可能な最良の技術（BAT）」による排出削減を義務付けるものである。産業部門による経済的政策手段への反対は継続し、その後1990年に連邦環境省の主導で気候保護政策のために、二酸化炭素税やエネルギー税が提案されたが、実現しなかった（Müller, 2002, 59-60.）。

したがって、1970年代末に、環境計画や統合的環境政策の要素は、その「起動力」を失い、禁止と基準設定による法的規制アプローチに転換し、質的な中期・長期目標の設定から詳細な技術的規定（BAT）に基づく排出規制に替わった。環境計画プログラムは、1970年代末に影響力を失い、1982年成立のコール保守リベラル政権（CDU・CSU と FDP の連立）の下では継続されなかった（Jänicke, Jörgens, Jörgensen and Nordbeck, 2002, 118.; Wurzel, 2008, 184-185.）。

しかし、保守リベラル政権期において、環境政策は主要に大気汚染防止、水循環保全、廃棄物管理に焦点を合わせ、注目すべき成果を挙げている。他方、

交通、農業、エネルギー政策の分野においては、十分な成果を挙げられなかった。まず、交通政策において、自動車の排気ガスの急激な削減に成功したが、高速道路速度制限のような、多数の自動車を規制し、一般的に交通を制御するインパクトを与えられなかった。次に、汚水の浄化のための厳しい規制と投資により、表面水の質を改善することができたが、しかし地下水汚染物のリスクを抑制し、種の喪失や農業活動が原因のビオトープ（動植物の生息圏）の喪失を回避できなかった。さらに、伝統的な環境政策分野のジレンマはエネルギー政策に明確に現れている。1980年代初期に、大気汚染規制政策は発電所からの二酸化硫黄と窒素酸化物の排出削減に成功したが、エネルギーの需要供給構造に影響を与えることはできず、末端処理型技術がむしろ非効率な発電所の集中と集権化をもたらし、より分散的エネルギー効率的な熱電併給システムや地域暖房システムは軽視された（Müller, 2002, 58.）。

統合的環境政策との関係では、廃棄物政策と気候保護政策が重要であった。廃棄物政策では、1986年の容器包装物に関する政令により、「生産者責任」が明確にされ、「廃棄物の発生抑制」が優先され、1996年の廃棄物循環経済法によって、生産者にとって、「長期間の耐久製品、少ない種類の素材の使用、より害の少ない製品」の開発が利益になる制度が導入された。しかし、他方では、ヨーロッパ委員会が主導した自動車回収リサイクルに関する指令の例が示すように、ドイツの自動車産業により EU 指令の実施の先延ばしが行われた。この実施には EU の圧力が不可欠であった（Müller, 2002, 61-62.）。

1980年代末に、国際的な気候保護政策の議論が始まった。この政策は、政策分野横断的なものであり、従来の末端処理型技術は、温室効果ガスの削減のために機能しないものである。二酸化炭素の削減は、主にエネルギー効率の向上、省エネルギー、再生可能エネルギーのような非鉱物資源による代替を必要とする。それゆえ、気候変動問題は、主にエネルギー、運輸政策、また農業政策の持続可能でない構造を問題にする「最良の機会」として認識された。この時、連邦環境省が、二酸化炭素の削減目標の政府決定のための準備を行い、実施のために必要な計画を調整する担当になった。まず、1990年6月に、2005年までに1987年水準から25％削減する目標を承認した。これは、ドイツ統一後、

1990年水準から25％削減に強化された。しかし、エネルギーと運輸分野担当の他省の抵抗により、この計画の実施は、困難であった。それゆえ、ヨーロッパレベルと国際レベルにおける気候保護政策の展開による「上からの圧力」が重要であった（Müller, 2002, 62-63.）。

2 「持続可能な発展のための戦略」の形成

西ドイツにおいて、ブルントラント委員会による「持続可能な発展」（1987年最終報告『私たちの共通の未来』）（World Commission on Environment and Development, 1987.; 環境と開発に関する世界委員会, 1987.）は、他のOECD諸国と比較して、注目を浴びなかった。この時期の政府の動きは、1992年の地球サミットに向けての準備に限定されていた。統一ドイツにおいて、基本法（憲法）が改定され、20a条に「国の目標」として「環境保護と将来世代への責任」が明記されたが、直接的な政策インパクトを持たなかった。保守リベラル連立政権のコール首相によって、1991年に「持続可能な発展のための連邦委員会」が設置されたが弱体なものであり、特に実績を挙げたテッパー環境相が交代した後（1994年）、こうした環境計画は重視されなかった。この時期に、後述のように、連邦議会の調査委員会や、環境団体が、大きな影響力を持った報告書を公表している。特に、連邦議会第2次調査委員会の報告書（96頁参照）は、SPDと緑の党によって展開された「環境政策計画」に関する1998年連邦議会選挙キャンペーンの基礎になった（Jänicke, Jörgens, Jörgensen and Nordbeck, 2002, 118, 129.; Wurzel, 2008, 184-186.）。

この1998年連邦議会選挙によって政権交代が行われ、「赤と緑」の連立政権の連立協定（政権政策）に「持続可能な発展のための戦略（環境計画）」の策定が明記されたが、2001年3月までは、この戦略づくりは始動しなかった。そのため、連邦議会が主導権をとり、2000年1月に連邦政府に対して、連立協定に明記されていた「ドイツの持続可能な発展のための戦略」を策定し、「持続可能な発展のための委員会」を設立することを求めた。さらに、2000年4月に、「州環境相会議」が、このアピールを支持し、このプロセスに州政府が参加する必要性を強調した。このような動きを受けて、2000年7月に、シュレーダー

政権は、連邦レベルの「持続可能な発展のための戦略」を作成することを決定した（Jänicke, Jörgens, Jörgensen and Nordbeck, 2002, 119.; Wurzel, 2008, 184-186.）。なお、2000年の連邦環境庁の環境意識調査によれば、当時の世論における「持続可能な発展」の認知度は低いものであり、13％に過ぎなかった（BMU/UBA, 2000, 68.）。

　この戦略の作成のために、首相府長官を議長とする「持続可能な発展のための次官委員会（グリーン・キャビネット）」と「持続可能な発展のための委員会（15名までのエコロジー、経済、社会問題の専門家・代表者）」が設けられた。2001年春から活動が開始され、大きくは2度「社会的対話」が行われ、2002年4月に「ドイツのための展望――持続可能な発展のための私たちの戦略」を決定した（47-53頁参照）。これが、リオの地球サミットで課せられた国のレベルにおける「アジェンダ21」に該当する。持続可能な発展のための戦略形成のために、「世代間公正、生活の質、社会的結合（連帯）、国際的責任」という4つの座標軸が明記された。持続可能な発展の3本柱として「エコロジー的次元、経済的次元、社会的次元」が挙げられ、成果のある経済発展を、エコロジー的、社会的に適合させるように設計することが必要であり、政府のみならず、経済、社会の多様なアクター（主体）が、この問題に取り組むときに成果を上げられると述べている（Die Bundesregierung, 2002.; 2004.; 2008.; 2012; 2017.）。この計画の最新版は、前述（74頁）の「持続可能性の戦略」（2017年）である。「持続可能な発展」のマネージメントのための組織配置（Die Bundesregierung, 2017, 26.）については、図6-1を参照されたい。

　イェニッケ、ヨルゲンス、ヨルゲンセン、ノードベックは、ドイツで「持続可能な発展のための戦略」が形成されるまで、コール政権期からのこのような「ゆっくりとした開始と一歩一歩アプローチ」が取られた理由として、次のような点を挙げている。第1に、1970年代初めの「計画フィーバー」からくる懐疑主義との関係である。このときの経験から、「グリーン計画と環境政策の統合」は、容易な仕事でないことが明らかであった。このときの基本問題は、環境行政と、エネルギーや運輸のような関係のある他の政策分野と水平的協力が過大評価されたことにあった。このモデルは、環境政策の権限が強力な連邦内

第6章　ドイツにおける統合的環境政策と環境ガバナンス

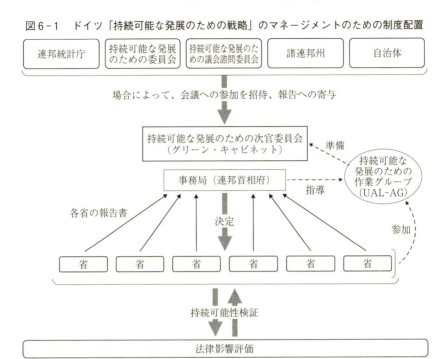

図6-1　ドイツ「持続可能な発展のための戦略」のマネージメントのための制度配置

出所：Die Bundesregierung, 2017, 26.

務省にあり、同時に副首相でFDP党首のゲンシャーが内務相であるときは、相対的に効果的であった。しかし、後にこの水平的アプローチはしばしば「否定的調整」（F・シャルプフ）に至った。さらに、連邦と州の間で権限が分かれる協調的連邦制の下で、政府間の政策調整の必要性が増大することが問題としてあった（Jänicke, Jörgens, Jörgensen and Nordbeck, 2002, 119-120.）。

第2に、1970年の環境政策の意欲的な開始と特に1980年代と1990年代初めの成功は、ドイツにおける環境政策の伝統となったため、「持続可能な発展」という政策理念に向けた新しい政策アプローチに対して抑制的であった。先のブルントラント委員会の報告書の「持続可能な発展」概念は、これまでの「事前予防原則の導入と、『利用可能な最良の技術（BAT）』を使うシステム的な規定に基づくその実施」というすでに成し遂げたものからの後退であるとする見方が、連邦環境省などで有力であった（Jänicke, Jörgens, Jörgensen and Nordbeck,

2002, 120-121.)。

　このような状況の中で、1990年代に連邦議会に設置された2つの調査委員会（議員と専門家により構成される）の活動が、ドイツにおける持続可能な発展に関する議論のための知識基盤を創出するのに重要な役割を果たしている。まず、連邦議会第1次調査委員会（1992-94年）は、「環境保護と自然資源の長期的保護」に焦点を合わせ、同時に社会的・経済的問題との潜在的相乗効果を強調する持続可能性に関する4つの「管理ルール」を定式化している。次に、連邦議会第2次「人間と環境保護」調査委員会（1995-98年）は、経済的、社会的側面も、環境的側面も同等に重視する広義の持続可能性の定義を確立した。

　これに対して、連邦環境省や「環境問題専門家委員会（SRU）」の報告書（SRU, 1994.; SRU, 2000.）は、エコロジー的側面に明確に焦点を合わせていた。他方、他の省や緑の党は、持続可能な発展の環境的、経済的、社会的次元を同等に扱う「3本柱アプローチ」を選択した。ただし、この理解は多様なものであった。連邦財務省では、持続可能性は、財政の長期的強化の意味で使われ、連邦労働・社会問題省では、年金制度の長期的安定、「ソーシャル・キャピタル」の有用性などを含意していた。ここでは、「社会的公正と参加」が持続可能性を定義する基準として使われ、政策形成における具体的なインパクトは乏しかった。

　このように、ドイツでは広義の「持続可能な発展」の概念よりも、エコロジーに焦点を合わせる狭義の持続可能な発展構想が影響力を持ち、「組織的、制度的バイアス」となっていた。さらに、環境保護を強力に主張する大規模な環境団体や緑の党の存在は、科学やメディアと同様に、「持続可能な発展」の理解における環境問題の重視を説明する要因となった。また、後述のように、持続可能な発展という用語は、それぞれの社会的アクター（経済団体、労働組合、環境団体など）によって、それぞれの関心や目標を追求するために解釈され、利用された（Jänicke, Jörgens, Jörgensen and Nordbeck, 2002, 121-122.）。

3　重層的ガバナンスと部門間の政策統合のインパクト

　以上のような理由から「持続可能な発展のための戦略」の作成が遅れたこと

第6章　ドイツにおける統合的環境政策と環境ガバナンス

は説明することができる。ここでは、逆に、この戦略に先行して、重要な2つの動きがあったことに注目したい。第1は、重層的ガバナンスの論点であり、州レベルにおける「アジェンダ21」戦略の策定、自治体レベルにおける「ローカル・アジェンダ21」の策定の動きが、先駆的な活動となったことである。州と連邦の間、州間における環境政策の調整機関である「州環境相会議（UMK）」（年2回開催）は、「持続可能な発展」をUMK議定書として定式化し、1997年6月にこれを環境政策の主導原理として採用した。特に、「アジェンダ21戦略」では、バイエルン州政府やニーダーザクセン州政府が主導している。さらに、州レベルにおいて多様なアクターとの社会的協議が行われており、部門別の社会的協議の場として「環境同盟」が形成された。さらに、企業団体と州政府の間の協定が締結されており、「環境同盟」や「環境協約」と呼ばれている。これは、従来の「コマンド・アンド・コントロール」といわれる法的規制より、合意形成の手法をとるものであり、ヨーロッパエコマネージメントシステム（EMAS）による環境マネージメント活動を含むものである（Jänicke, Jörgens, Jörgensen and Nordbeck, 2002, 130-133.）。

　自治体レベルの「ローカル・アジェンダ21」の活動は、ヨーロッパ諸国と比較して遅れたが、自治体が自ら「ローカル・アジェンダ21のためのケーペニック宣言」を行い、主導した。連邦環境省と自治体の連合団体が、1997年に共同声明を出し、州レベルに「ローカル・アジェンダ21促進センター」が設置され、1990年代末にようやくブームを迎える（坪郷, 2009a, 136-139.）。

　第2に、部門間の政策統合が、先行して行われたことである。シュレーダー連立政権は、「環境政策と他の政策分野の政策統合」として、「環境政策とエネルギー政策の統合」を推進した。SPDと緑の党の1998年連立協定において、「エコロジー的近代化は、自然的生活の基礎を保護し、多くの雇用を創出するためのチャンス」であると述べ、目標として、「経済的に成果を挙げることのできる、社会的に公正な、エコロジー的に適合的な発展」つまり、「持続可能な発展」を明示している。気候保護政策との関連で、エネルギー政策と環境政策の統合が重視され、さらに、効率的で環境適合的な交通政策、食の安全と有機農業を促進する農業転換が挙げられている。

シュレーダー政権では、まず、合意形成を基にして新しい総合的エネルギー政策を策定することを通じて、脱原発が決定された。次に、再生可能エネルギー促進法（固定価格による買い取り義務制）が改定され、さらに熱電併給システムの拡大が行われた。また、エコロジー税制改革が実施された。この改革は、石油税を段階的に引き上げ、電力税を導入し、その税収を基本的に賃金付帯費用（年金保険料）の引き下げに使うという「税収中立的」に設計されている。「賃金付帯費用の引き下げを雇用創出のインパクト」にし、「エネルギーへの課税により省エネルギーの動機づけを行う」という二重の目標がある。この税制は、従来の「労働要因（所得など）に対する課税」から「環境要因の課税」への新しい税制の設計への転換を意味している（坪郷, 2009a, 89-92.）。

州レベルにおける「持続可能な発展のための戦略」の形成、自治体レベルにおけるボトムアップ型の「ローカル・アジェンダ21」の形成、及びエネルギー政策と環境政策の統合をはじめとする部門間の政策統合の一定程度の進展が、連邦レベルにおける「持続可能な発展のための戦略」の形成をより実効性のあるものにするインパクトを与えている。

4　協力ガバナンスにおける重要なアクター

協力ガバナンスに関連して、環境政策ないし「持続可能な発展」の戦略の形成における多様なアクターの参加に関する若干の論点を述べよう。広く市民社会のアクターの参加や市民参加のための会議や制度として、まず1970年に「環境問題ワーキンググループ」が創出された。他方、地球サミットの準備段階の1991年に、コール連邦首相によって、主要な社会的アクターの参加を保証するために「持続可能な発展のための連邦委員会」が設置され、議会、政党、環境団体、研究所、経済団体、労働組合、農業団体、教会、州政府を含む35人の代表によって構成された。地球サミット後の1994年に、この委員会は環境相を議長とする「持続可能な発展のための連邦委員会」に改組され、年2〜3回開催されたが、代表者クラスが参加せず、限定的なものであり、1998年に解散された。また、1996年からの連邦環境省による「持続可能な発展のための戦略」へ向けての「一歩一歩アプローチ」において、経済団体や社会的アクターとの対

話が行われた。6分野の優先行動の提案のために6ワーキンググループが設置され、主要なグループの代表者が参加し、1997年に中間報告とワークショップが行われた。この中で、経済団体と他のグループとの間に対立が明らかになった。連邦環境省は草案を作成し、5の優先分野の目標とヘッドライン指標（環境バロメーター）を提案した。このプロセスの主要な欠陥は、他の省との調整が行われず、正式に政府や議会による決定が行われなかったことである。さらに、すでに述べたように、シュレーダー政権のもとで「持続可能な発展ための委員会」が設置され、社会的対話が行われた。これらの制度は、「環境問題や持続可能な発展のための社会的議論を行う多元的なフォーラム」（Jänicke, Jörgens, Jörgensen and Nordbeck, 2002, 142-144.）であった。

　環境政策の形成・実施プロセスにおける非政府組織の参加は、ある程度まで1974年の連邦排出規制法により定式化された。ドイツ統一後、産業計画や大規模基盤整備建設プロジェクトの許可を加速するためのいわゆる促進法により、参加権はある程度制限された。NGOの団体訴権に関しては、すでにニーダーザクセン州やブランデンブルク州において承認されていたが、連邦レベルでは2002年の連邦自然保護法の改定により、環境団体による団体訴権が導入された。さらに、1994年の環境情報保護法により、市民に環境官庁の環境情報へのアクセス権が保障された。しかし、実際には官庁は市民の環境情報へのアクセス権の保障に積極的ではない（Jänicke und Weidner, 1997, 141, 149.; Jänicke, Jörgens,Jörgensen and Nordbeck, 2002, 144.; 坪郷, 2009a, 102-104.）。

　1970年代から、環境団体は重要な問題提起と運動を展開し、環境政策の推進力であった。ドイツでは環境団体の複合的なネットワークが形成されている。環境団体数は400を超え、会員は人口の5〜7％にも達する。会員数が多く影響力を持っている4つの大環境団体[3]として、ドイツ環境・自然保護同盟（BUND、会員約40万人）、グリーンピース（ドイツ支部、会員約55万人）、ドイツ自然保護同盟（NABU、会員・支援者約45万人）、世界自然保護基金（WWF）がある。ドイツ自然保護連合（DNR）は、ヨーロッパ環境事務所（EEB）のメンバーとして、EUレベルにおけるドイツのNGO活動をコーディネートしている。旧東ドイツのローカル・イニシアティブのネットワークである「緑のリー

グ（連盟）」は、「ローカル・アジェンダ21」の活動に熱心である。環境団体のBUNDと「カトリック教会発展支援組織（Misereor）」が1996年に刊行した報告書『将来能力のあるドイツ』（BUND und Misereor, 1996.）は、「持続可能な発展」に関する議論を促進する影響力を与えた。さらに、BUNDは、「世界にパンを」、「福音協会発展支援」と共同で、2008年に『グローバル化した世界における将来能力のあるドイツ』を刊行している（BUND u.a., 2008.）。

　ドイツの環境政策の推進力に関して、最近数十年で大きく変化した点は、「グリーン企業」やエコロジー志向の経済団体が新しいアクターとして登場したことである。環境保護関連の技術は重要な産業になり、環境関連の雇用は増大している。これにより、政府、経済団体、環境団体の間の３者協力が行われている。2000年頃から、産業規模の自主的な取り組みや自主協定が増大し、環境分野の自主協定は100にのぼる。EU内では、オランダにおいてもこの３者協力が行われている。ドイツ商工会議所（DIHT）は、83地域組織により構成されており、ヨーロッパ環境マネージメントシステム（EMAS）の促進を行っている（Jänicke, Jörgens, Jörgensen and Nordbeck, 2002, 136-137.）。

　ドイツ産業連盟（BDI）は、35の産業部門の連合体であり、気候保護政策において重要な役割を果たしている。1995年に、BDIは他の組織と共同で、2005年までに二酸化炭素25％削減のドイツの目標を促進する自主宣言に署名をし、1996年、さらに2000年とその内容を強化してきた。2000年７月に、BDIは「持続可能な発展のためのフォーラム」を設立し、18の有名企業を含んでいる。これは、持続可能な発展のための産業のシンクタンクとして機能している。2000年11月に連邦政府とBDIの間で気候保護のための協定が締結された（Die Bundesregierung und BDI, 2000.）。BDIはこの二酸化炭素の削減のモニタリングを行い、報告書にまとめている。他方、2000年11月に、BDIは、環境省と共同して、「リオ＋10」サミットの準備のための対話プロセスを制度化し、「外国直接投資イニシアティブ」を開始した。これはドイツ産業による外国投資のエコロジー化を目指し、環境団体などとともに、連邦経済発展省も対話ネットワークに参加している（Jänicke, Jörgens, Jörgensen and Nordbeck, 2002, 136-137.）。

前述の「持続可能な発展のための委員会（RNE）」は、企業などステークホルダーが参加するプロセスを経て、2011年10月に「持続可能性の側面に関する国際的に適応可能な（持続可能性）報告基準」である「ドイツの持続可能性基準（DNK）」（RNE, 2017.）を決定した。これは、企業が「持続可能性報告」をするための基準であり、「企業の非財政的報告書の作成に関するEU指令」に対応するものである。さらに、国連のアジェンダ2030の採択後、経済において持続可能性の思考を前進させ、企業による持続可能性の取り組みを透明化し比較可能にするために、RNEは、DNKの更新を行った。この新版は、「戦略、目標、措置、構想、リスク」という大項目がある20項目の基準である。

　戦略1-4（戦略的分析と措置、本質性、目標、価値創造連鎖）、プロセス・マネージメント5-10（責任、ルールとプロセス、コントロール、動機づけシステム、関係グループの参加、イノベーション・生産物マネージメント）、環境関連11-13（自然資源の利用、資源マネージメント、気候関連の排出）、社会14-18（勤労者の権利、チャンスの公正、資格、人権、コミュニティ）、コンプライアンス19-20（政治的影響力、法適合的・EU指令適合的行動）という20項目である（RNE, 2017, 7-17.）。

　この持続可能性基準は、企業の社会的責任の問題と関係があるものであり、企業活動を持続可能な発展の観点から総合的にプロセス・マネージメントを行い、報告するものである。

2　制度配置と政策専門家の役割

1　環境ガバナンスのための制度配置

　次に、ドイツの連邦レベルにおける統合的環境政策のための制度配置について、外観をしておこう。1970年代に、最初に環境政策を担当した省は、連邦内務省であった。しかし、自然保護に関しては農業省と権限を分け持ち、化学物質政策に関しては連邦経済省と食品に関する化学物質規制に関しては連邦青年・家族・保健省と、それぞれ権限を分け持った。これには、当時の連立政権内における政治関係も影響を与えていた。こうした権限の分割により、エッダ・ミュラーの指摘のように（Müller, 1995, 312.; Müller, 2002, 70.)、1970年代に

おける自然保護法の制定において、「否定的調整」(F・シャルプフ)と言われるように、連邦内務省の主導権を発揮することはできなかった。

1972年に、後のグリーン内閣に該当する首相が議長を務める「環境と健康のための内閣委員会」が設置される。しかし、この委員会はめったに開催されず、影響力を持たなかった。同時に、内務相を議長とする「環境問題のための局長常任委員会」が組織され、省間ワーキンググループが設置され、連邦省のための共通手続きルールにより政策の水平的調整が行われるようになった。さらに、当時のブラント首相とゲンシャー内務相は、環境問題に関してリーダーシップを発揮した。しかし、先の内閣委員会や局長常任委員会は、連邦内務省の行動をコントロールし、統合的環境政策を予防する「監視役」の役割を果たした。全体として有利な条件にもかかわらず、1970年代初期のイノベーションは十分実施されなかったのである (Wurzel, 2008, 187-188.; Jänicke, Jörgens, Jörgensen and Nordbeck, 2002.; Müller, 2002, 66-70, 69-70.; Pehle, 1998.)。

1986年のチェルノブイリ原発大事故の直後に、当時の保守リベラル連立政権のコール首相は、連邦環境・自然保護・原子力安全省を設立することを決定した。これには、迫っていた州議会選挙と連邦議会選挙への対応という意味もあった。連邦環境省には、従来の内務省の権限と共に、農業省の自然保護、青年・家族・保健省の放射能と食品における化学物質の権限が移管された。しかし、連邦環境省の行政組織の構造は、依然として主要には環境媒体(大気、水、土壌)中心の環境規制スタイルに沿ったものであった。これは、他の政策部門に環境政策の事項を統合する努力を制限するものである。リューディガー・ヴュルツェルは、この理由として、環境媒体中心の組織構造が、媒体毎の「利用可能な最良の技術(BAT)」原理の実施により強化されていたこと、他の省が環境省の統合的環境政策を正当性のない介入とみなしていたことを挙げている (Wurzel, 2008, 188-189.; Pehle, 1998.)。

1999年のベルリンへの首都移転に際して、環境省の中央局はベルリンに移転し、環境媒体毎の局はボンに残った。2007年に、連邦環境省は、①中央局(環境政策)とともに、②気候変動・再生可能エネルギー・国際協力、③原子力安全、④水管理・廃棄物管理・土壌保護、⑤環境と健康・大気の質・産業立地の

安全と運輸、化学物質の安全、⑥自然保護の6部門に編成替えが行われた。このように、環境省は、1990年代半ばに環境媒体横断的な部門志向の行政構造に転換した連邦環境庁（104頁参照）の編成には従わなかった。しかし、環境省は、環境媒体横断的なワーキンググループの活動を経験していた。例えば「緑の家計ルール」は、環境省と環境庁、さらに各連邦州によって作成された。いくつかの州では、環境省は他の省（例えば、保健省）と統合されている（Wurzel, 2008, 189.）。

しかし、気候変動政策の部門は、中央局に加えて、連邦環境省の環境媒体中心の組織配置の中では、例外である。これは、前述のように1980年代末より、気候変動問題が首相の優先課題として位置づけられたからである。2010年までの二酸化炭素の25％削減に関しては、省間の水平的協力と重層的政府レベル間の垂直的協力が行われている。このため、二酸化炭素削減のための省間ワーキンググループが設置されている。連邦環境省の気候変動政策における権限は、2002年連邦議会選挙後（政権継続）、再生可能エネルギー局が連邦経済省から連邦環境省に移管され、強化された（Wurzel, 2008, 189-190.; Jänicke, Jörgens, Jörgensen and Nordbeck, 2002.; Müller, 2002.）。

「赤と緑」の連立政権（1998～2002年）から大連立政権期（2002～2009年）においては、シュレーダー首相とメルケル首相によって「持続可能な発展」が「シェフ（首相）の仕事」であることが明確にされた。前述（図6-1参照）のように、統合的環境政策と「持続可能な発展のための戦略」を実施する新たな制度として、グリーン内閣の機能を果たす「持続可能な発展のための次官委員会」が2001年に10の省のメンバーによって設置され、大連立政権の下ですべての省を含むものになっている。さらに、2001年に「持続可能な発展のための委員会」とともに、グリーン内閣の会議の準備を行う「持続可能な発展のためのワーキンググループ」が設置された（Die Bundesregierung, 2008, 28-35.）。連邦レベルの「持続可能な発展のための戦略」は、首相が主導し、EUレベルにおける「持続可能な発展のための戦略」は、連邦環境省が主導権を握っている。統合的環境政策と関連して、統一的環境法典の編纂が長らく課題としてあるが、大連立政権の下で連邦制改革により準備が進められたが、最後の段階になり挫

折をしている（Wuruzel, 2008, 190-191.; Pehle, 2009.）。

　2009年連邦議会選挙後、新たにメルケル保守リベラル政権が成立した。CDU・CSUとFDPの連立協定では、「持続可能性の戦略」をさらに有効な制度枠組により発展させること、「持続可能な発展のための議会諮問委員会（20議員）」による持続可能性の戦略と持続可能性審査に関する議会コントロールの重要性が挙げられている（CDU, CSU und FDP, 2009, 30f.）。

　なお、2013年連邦議会選挙後のメルケル第2次大連立政権の成立により、再生可能エネルギー部門は経済省に移管され、経済省がエネルギー政策を総合的に担う省になる。他方、環境省は、住宅建設部門を獲得する。

2　環境問題専門家委員会による政策提言

　関連して、ドイツの環境政策づくりにおいて政策専門家が果たしている役割について見ておきたい。その例として1971年に発足し当初より重要な役割を果たしてきた「環境問題専門家委員会（SRU）」がある。このSRUは、政策に関する科学的提言、特に環境政策の助言を行うために設立され、制度的に多くの創造的な活動を行っている。SRUに続いて、1974年に連邦環境庁が、自ら調査研究と政策提言を行い、後には連邦環境省のために高度な政策助言を行う「決定的な」連邦機関として設立されている。さらに、1992年に設置された「グローバルな環境変動に関する連邦政府の学術的諮問委員会（WBGU）」は、環境政策の国際的側面に関する政策提言機関である。ヨーロッパレベルにおいて、ヨーロッパ環境庁があり、連邦環境庁と連携している。さらに、大学も含めて多くの研究調査機関がある。こうした中で、SRUは政策提言に関して「稀に見る役割」（Koch, 2009, 19.）を果たしてきた。

　元委員長ハンス＝ヨーアヒム・コッホは、この稀に見る役割に関して次の3点を指摘している。第1に、SRUは制度的に独立性が保障され、独自にテーマ設定とその見解をまとめる。この独立性が、これまでの報告書に見られるように、政府の環境政策アプローチに対して明確に批判することを可能にしている。第2に、SRUは科学（学術）と政治の間をつなぐ役割を担っている。これは、科学的な要請よりも、むしろ日常の政治的要請によるものである。第3

第6章　ドイツにおける統合的環境政策と環境ガバナンス

に、SRUは学際的なメンバーから構成され、多くの他の学術的委員会や諮問委員会にはない特質を持つ。例えば有名な「経済賢人」委員会は、経済学者のみによって構成されている。学際性は、成果のある環境政策にとって不可欠である。

　SRUは、「環境保護において特別の知識と経験を有する」12名のメンバーから構成され、最初の20年間は自然科学者のみであった。この自然科学者の優位は、1980年代に批判を受け、環境政策の政治的経済的決定要因、ヨーロッパ及びグローバルな関係性の分析に関して弱いと指摘された。1990年の設置政令により7名に減員されたが、多様な専門家により構成されている。1991年以後、毒物学・環境毒物学、生物学・地域景観エコロジー、環境技術、環境法、環境経済学、政治学、倫理学などの専門家からなる。そこでは自然科学的問題分析及び社会科学的政策手段に関する議論が行われ、両方の議論において環境技術が重要な役割を果たしている。4年任期のメンバーは環境省の提案で連邦政府により任命される（Hey, 2009, 165-166.）。

　さらに、SRUの特別な強みは、多様な対話の中で提言を発展させ、提案していることである。SRUは専門家、利益代表、政治的決定者との対話から数多くの刺激を獲得してきており、設置法に基づき初期の段階から当該の連邦省や受託者に、進行中の意見書の基本問題に対して意見を述べる機会を設ける。また、SRUは審議テーマに関して連邦や州機関の代表者、経済団体、環境団体の代表者に意見を述べる機会を設ける。例えば、特別意見書『改革圧力の下での環境行政』（SRU, 2007.）の作成のために、多くの連邦州職員との対話から多くの問題点を明確にした。SRUは意見書、特別意見書や見解表明の公表に際して、特に連邦環境省に対して詳論し、公式の意見書を連邦新聞記者会見で紹介し、連邦議会の環境委員会において議論を行っている。また関連したシンポジウム等も開催する。その意味で、SRUは環境政策のアクターの一つである（Koch, 2009, 19-23.）。SRUの35年間の活動をレビューしているクリスチアン・ヘイ（SRU事務局長）は、SRUは世論形成にも寄与し、SRUモデルは、「政治、世論、学問的提言・助言」3者の相互作用を行うための「社会の中からの提言・助言」であると述べている（Hey, 2009, 162-165.）。

SRUは2002年以後、意見書において環境政策の現局面を明確にしてきた。それは、意見書のタイトル『新しい先駆者の役割』（SRU, 2002.）、『環境政策の行動能力を保証する』（SRU, 2004.）に示されているように、計画的特徴を持っている。ヘイによれば、SRUは、「警告者の役割」、「戦略的行動オプションの推進者」、「時折、日常的に活動する野次る人の役割」を引き受けている。彼は、SRUを問題分析と環境政策の基本原則をもとにして、環境問題の仲介者として位置づけている（Hey, 2009, 163-164.）。

　その後も、エネルギー転換との関係で重要なテーマに取り組み、2011年1月に、特別鑑定書として『100％再生可能な電力の供給への道』（SRU, 2011.）を発刊している。さらに、2016年度の意見書として、『統合的環境政策のための刺激』（SRU, 2016.）を刊行し、統合的環境政策に関する新たなレビューを行っている。

3　ドイツにおける環境ガバナンスの特徴

　最後に、ドイツの環境ガバナンスの特徴についてまとめよう。第1に、ドイツは、1970年代の初めより、統合的環境政策の原則を明確にし、環境政策を他の政策分野に統合するために、計画的手法や経済的誘導手段を試みてきた。しかし、統合的環境政策は十分に始動せず、そのため法的規制手段の重視への転換が行われ、「利用可能な最良の技術」アプローチがとられるようになった。こうした環境政策の経験から、1990年代の「持続可能な発展のための戦略」の形成においては「一歩一歩のアプローチ」がとられることになり、他の先進国と比較して遅い2002年に連邦レベルの「持続可能な発展のための戦略」が策定された。むしろ、ドイツにおいては、州レベルにおける「持続可能な発展のための戦略」、自治体レベルにおける「ローカル・アジェンダ21」の策定が先行した。さらに、「赤と緑」の連立政権への政権交代を梃子にして、「エネルギー政策と環境政策との統合」、「環境政策と交通政策との統合」、「環境政策と農業政策との統合」などの部門間の政策統合が先行して行われ、「持続可能な発展のための戦略」をより実効性のあるものにしている。

また、1990年代からの明確な削減目標を明示した気候保護政策は、ドイツを「環境先駆国」に押し上げたが、これには首相のリーダーシップの果たした役割が大きい。ドイツでは、緑の党が連邦議会に議席を獲得して以降のインパクトが大きく、環境政策は連邦議会の全政党の共通政策となり、環境税など個別の政策に関する論争はあるが、社会リベラル政権から保守リベラル政権への政権交代においても大きな変動はなかった。他方、保守リベラル政権から「赤と緑」の連立政権への政権交代は、環境政策の新たなイノベーションを始動させた。

　第2に、ドイツの協力ガバナンスについては、1970年代から多様な社会的アクターの参加が試みられてきた。2002年の「持続可能な発展のための戦略」に関しては、広範囲な社会的対話が行われている。社会的アクターの中でも、1970年代より環境団体のインパクトが大きい。特に、1970年代の反原発運動は政権政策に対する強力な抗議運動であった。1990年代において、環境団体や民間の環境シンクタンクが、いち早く「持続可能な発展」や「エコロジー税制改革」に関する重要な問題提起や政策提言を行っている。他方、産業のアクターも最近数十年で大きく変化し、「グリーン企業」やエコロジー志向の経済団体が新しいアクターとして登場した。これにより、政府、経済団体、環境団体の間で3者協力が行われるようになっている。ドイツ産業連盟（BDI）は、二酸化炭素削減に関する自主宣言から始めて、2000年に政府との間に「気候保護のための協定」を締結している。さらに、連邦議会の調査委員会（それぞれ同数の議員と専門家で構成）の活動が重要な役割を果たしている。

　第3に、統合的環境政策や環境ガバナンスのための制度配置に関しては、環境省による「水平的政策調整」から「垂直的政策調整」への転換の時期にある。「持続可能な発展の戦略」形成が行われ、これは「赤と緑」の連立政権から「大連立政権」において「シェフ（首相）の仕事」として定着している。しかし、ヴュルツェル（Wurzel, 2008.）が述べているように、エコロジー税制改革などにより部分的に「グリーン予算」が実施されているが、正式の「グリーン予算」の制度はまだ実施されていない。さらに、統合的環境政策のモニタリングシステムとして「持続可能性指標」の整備が行われているが、持続可能な

発展を具体化する目標の一層の明確化が必要である（Die Bundesregierung, 2008.; 坪郷, 2009b.）。なお、最新のものとして、2017年制定の「持続可能性の目標と指標システム」がある（74-79頁参照）。

また、図6-1にあるように「持続可能性検証」のために2009年5月以降、すべての省に対して「法律・法案の持続可能な発展への環境影響評価」を行う制度が始まっている。関連して、グリーン内閣などによる評価のシステムとともに、連邦議会（議会諮問委員会など）による評価のシステムの形成が重要であろう。統一的な環境法典の編纂も課題としてある。SRUは、政策専門家の集団として、ドイツの統合的環境政策の「伝統」に基づいて改革のために多くの政策提言を行っている。全体として、統合的環境政策の制度化の局面にはあるものの、そのシステム化が課題となっている。

【注】
1) ドイツにおける統合的環境政策と「持続可能な発展のための戦略」について、国際比較の観点からドイツを概観しているものとしてJänicke, Jörgens, Jörgensen and Nordbeck, 2002.; Müller, 2002.; Wurzel, 2008. を参照。社会リベラル政権の包括的な研究であるMüller, 1996、環境省についてはPehle, 1998.; BMU, 2006a.; BMU, 2006b. を、ドイツの環境政策の歴史と特にシュレーダー政権期については、坪郷, 2009a. を参照。国際比較の観点からの環境政策の統合のための制度や手続きの調査研究については、Lenschow, 2002.; Jordan, Wurzel and Zito, 2003.; Jacob, Volkery and Lenschow, 2008.; Jordan and Lenschow, 2008b. を参照。
2) 環境ガバナンスについては、Jänicke and Jörgens, 2007.; Jänicke and Jacob, 2007.; Jänicke, 2012.; 松下, 2007b.; 坪郷, 2009a.; 坪郷, 2009b.; 坪郷, 2011.; 森, 2013. を参照。
3) 環境団体の会員数などについては、www.bund.net, greenpeace.de, www.nabu.de, www.wwf.de などを参照。

◇第 **7** 章◇

エネルギー政策と環境政策の統合
―― 脱原発とエネルギー政策の転換への道 ――

1 世界の転換点としての東京電力福島第一原発事故

1 世界の再生可能エネルギー

　世界の最終エネルギー消費に占める再生可能エネルギーの割合は、『世界再生可能エネルギー白書2017』によれば、現代的な再生可能エネルギー（10.2％）と伝統的なバイオマス（9.1％）を合わせると19.3％（2015年）である。前者の内訳は、バイオマス・地熱・太陽熱――給湯と暖房4.2％、水力3.6％、風力・太陽光・バイオマス・地熱発電1.6％、バイオ燃料0.8％である。これに対して原子力はわずか2.3％であり、化石燃料が78.4％を占めている。また電力における再生可能エネルギーの割合は、24.5％（水力16.6％、風力4.0％、バイオマス発電2.0％、太陽光1.5％、地熱など0.4％）を占めている（REN21, 2017, 30, 33.）。とりわけ、各国政府の促進政策により、風力発電や太陽光発電が急増している。
　日本においても、2011年の東京電力福島第一原発事故後、脱原発と再生可能エネルギーの普及拡大に大きな関心が集まり、当時の民主党政権の下で、再生可能エネルギーを促進するための固定価格買取制が導入された。他方、ドイツは、福島原発事故をきっかけとして、2022年までの脱原発を再度決定し、エネルギー転換を順調に進行させている。その総発電消費量に占める再生可能エネルギーの割合は、2015年31.6％であり、ドイツで最も重要な電源となっている（BMWiE, 2016, 4.）。しかも、電気も含めてエネルギー消費量が減少し、エネ

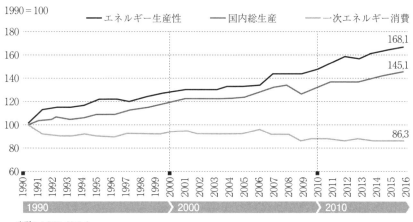

図7-1 ドイツにおける国内総生産、一次エネルギー消費、エネルギー生産性（1990～2016年）

出所：AGEB, 2017, 8.

図7-2 ドイツにおける国内総生産、総電力消費、全経済的電力生産性（1990～2016年）

出所：AGEB, 2017, 31.

ギー効率を上昇させたことにより、より少ないエネルギー消費の下で経済生産を効率化している。つまり、図7-1、7-2のように、経済生産の上昇とエネルギー消費量の増大の切り離しが行われているのである。

　本章では、ドイツにおける脱原発とエネルギー転換、及び日本におけるエネ

ルギー政策の転換を取り上げる。環境政策とエネルギー政策の統合の事例に関して、その現状と課題について見ていこう。以下では、第1に、福島第一原発事故が、世界と日本におけるエネルギー政策の転換点であることについて述べよう。第2に、脱原発の政治的決定を行い、エネルギー転換を進めているドイツ・モデルの特徴について見よう。第3に、日本における脱原発の市民意識を見た上で、エネルギー政策の転換のための課題について述べよう。最後に、日本における市民主導、地域主導のエネルギー転換の動きに注目しつつ、若干のまとめを行う。

全体として、脱原発とエネルギー政策の転換のためには、政府の政治的決定が重要であるが、同時に、新たな小規模・分散型エネルギー供給システムの構築のために、市民主導、地域主導のエネルギー政策の転換が不可欠であることを述べよう。政府主導の動きをトップダウン・アプローチ、市民主導、地域・自治体主導の動きをボトムアップ・アプローチという。ボトムアップ・アプローチでは、市民社会が重要な役割を果たしている。

2 転換点としての東京電力福島第一原発事故

2011年3月11日に、東日本大地震と大津波が発生し、東京電力福島第一原子力発電所において、次のような原発過酷事故が生じた。福島第一原発の稼働していた1、2、3号機では、炉心溶融（メルトダウン）が起こり、続いて1、3、さらに停止していた4号機で水素ガスによる爆発が起こった。このため、大量の放射性物質が環境中に放出された。事故当時とははるかに少ないが、大気中への放出は続いた。さらに、現在まで続いている汚染水問題がある。この事故は、原子力事故の国際的評価尺度で最大のレベル7「深刻な事故」に該当する原発過酷事故である。

以前から地震国である日本における原発の危険性が指摘されており、福島第一原発事故は、東京電力の事故における危機マネージメントの欠如を改めて露呈させた。また関東圏に及ぶさらなる破局の可能性があった。

先進産業国である日本における「フクシマ」の事故は、世界に大きな影響を与えた。EU加盟国の中では、それまでにドイツとベルギーが脱原発の政治的

決定を行っている。2011年5月にスイスは「新規に原発を建設せず、50年の運転期間の過ぎたものから順次廃止し、2034年までに脱原発を行う」ことを決めた。10月にベルギーの新政権は、2003年法に基づき計画通り2015年から脱原発を開始することで一致した。イタリアは、3.11以前に決まっていた国民投票（2011年6月）で当時のベルルスコーニ中道右派政権による「原発建設法」を廃止することを決定した。イタリアは、すでに1987年の国民投票で脱原発を決めており、「原発のない、新建設計画のないEU加盟国」である。核兵器保有国であるフランスのオランド大統領（当時）は、まず原発の比率を75％から50％に削減することを明確にした。アジアでは、2017年1月台湾は、2025年までに脱原発を行う電気事業法改正を行った。

3　民主党政権による「2030年代に原発ゼロ」の閣議決定

当時の民主党政権は、福島第一原発事故を、日本におけるエネルギー政策の転換点とみなし、菅政権期に白紙からの見直しを開始した。野田政権期の2012年6月29日に「エネルギー・環境会議」において「エネルギー・環境に関する選択肢」として2030年の「原発割合0％、15％、20から25％」という3案を決定した（坪郷, 2013a, 11-14, 157-159）。この新しいエネルギー政策の決定にあたって、政府によりこれまでにない市民参加が行われた。3案について、11会場（7～8月）で意見聴取会が開催され、ファクスやホームページへの入力により意見を述べるパブリックコメント、さらに討論型世論調査が実施された。意見聴取会では約7割の意見表明者が「2030年の原発割合0％」を表明し、パブリックコメントにも前例のない数（8万9124件）の意見が寄せられ、87％が「0％」を選択している。討論型世論調査に関しては、実行委員会、専門家委員会、第三者評価委員会（外部の目で運営の中立性に関して評価を行う）などが設置された。これは、無作為抽出した市民が参加し、専門家による情報提供が行われ、市民間の討論の前後に意向調査を行うものである。この意向調査では2030年度の原発依存度ゼロシナリオを選択したものが最も多く、討論前の41・1％から討論後の46・7％へと増加している（エネルギー・環境会議, 2012.）。

このような市民参加による議論を経て、野田政権は、同年9月14日にエネル

ギー・環境会議で、「革新的エネルギー・環境戦略」を決定し、19日に今後のエネルギー・環境政策について上記の戦略を踏まえると閣議決定した。この戦略には、第1に、「原発に依存しない社会の一日も早い実現」、「2030年代に原発稼働ゼロを可能とするよう、あらゆる政策資源を投入する」と書かれている。第2の重要な点は、新たなエネルギー戦略は、従来のような「一握りの人々でつくる戦略」ではなく、政府と国民が『国民的議論』を通じてつくる戦略でなければならないことである。第3に、原発依存度を減らし、化石燃料を抑制するために、省エネルギーと再生可能エネルギーを最大限に引き上げることである。この「革新的エネルギー・環境戦略」では、「原発に依存しない社会の一日も早い実現」「グリーンエネルギー革命の実現」「エネルギーの安定供給」の3本柱が挙げられ、さらに、発送電を分離し、分散ネットワーク型システムを確立する「電力システム改革」の断行が不可欠であること、地球温暖化対策（温室効果ガス排出量の削減）を着実に実施することが明記されている。その後、この「2030年代に原発稼働ゼロ」を踏まえて、新しいエネルギー基本計画の策定を目指していたが、その前に政権交代が生じ、策定までに至らなかった（坪郷, 2013a, 157-159.）。

　従来、原子力行政の問題点として、経産省の中に原発推進と原発の規制との両方の機関が置かれ、規制が効かないと批判されていた。原発に関する行政は、内閣府（原子力委員会、原子力安全委員会）、経産省（資源エネルギー庁、原子力安全・保安院）、文科省（原子力研究、規制）などに分かれていた。課題として、「エネルギー政策に対する情報公開」、「エネルギー政策と原子力規制を切り離す」、「原子力規制機関の独立性の確保」、「一元的な自己処理体制の確立」が挙げられた。このため、民主党政権期に、環境省の下に外局として原子力規制委員会と原子力規制庁を置くという新しい体制がつくられた。

4　安倍自公政権による原発再稼働路線

　2012年12月の衆議院議員選挙の結果、安倍自公政権へと政権交代が行われた。安倍政権は、当初より、「2030年代に原発稼働ゼロ」を白紙から見直すとしていた。経産省の総合資源エネルギー調査会基本政策分科会の議論を経て、

2014年4月に、安倍政権は、原発を地熱、一般水力、石炭とともに「ベースロード電源」として位置づけ、原発回帰と原発再稼働を進めるエネルギー基本計画を閣議決定した（経産省, 2014.）。ベースロード電源は、「発電（運転）コストが、低廉で、安定的に発電することができ、昼夜を問わず継続的に稼働できる電源」としている。このときには、民主党政権期に行われたような市民参加は、パブリックコメントにとどまり、議論を尽くして決定する方法はとられなかった。このパブリックコメントは、1万9000件であったが賛否は公表されなかった。安倍政権では、民主党政権期に環境省に設置された原子力規制委員会・原子力規制庁は、原発再稼働に向けて、新規制基準適合性審査を行っている。2017年8月現在で、鹿児島県川内1、2号機、愛媛県伊方3号機、福井県高浜4号機の4基が稼働している。

　上記のエネルギー基本計画において、エネルギー政策の基本的視点として、「安全性」を前提とした上で、エネルギーの安定供給、経済効率性の向上、環境への適合が挙げられている。この4点はエネルギー政策を決める際に重要な点であるが、以下のように、この視点から十分に検討されたとは言えない。まず、福島第一原発事故の収束・廃炉の見通しはついておらず、事故の原因究明は終わっていない。その点から、新規制基準自体が十分なものではない。それゆえ、安全性が十分に考慮されているとは言えない。

　また、原発のコストについては、民主党政権期に試算がし直されているが、大島賢一氏が分析しているように、発電コストと政策コストを電力コストとして計算すると、原子力（発電に直接要するコスト8.53円/kW、政策コスト——研究開発1.46円/kW、立地対策コスト0.26円/kW）合計10.25円/kW であり、火力（発電に直接要するコスト9.87円/kW、政策コスト——研究開発0.01円/kW、立地対策コスト0.03円/kW）合計9.91円/kW、一般水力（発電に直接要するコスト3.86円/kW、政策コスト——研究開発0.04円/kW、立地対策コスト0.01円/kW）合計3.91円/kW と比較しても、低価格ではない。さらにこれには事故コスト、安全対策コスト、使用済み燃料の処理・処分コストが十分に含まれていない（大島, 2011, 103-111.）。

　2012年5月5日に定期点検ですべての原発が停止し、2012年7月5日大飯原

発3号機が再稼働するまでの間、2カ月であるが原発ゼロ状態が実現した。さらに再度、2013年9月15日に大飯原発4号機が定期検査に入って後、2015年8月11日に川内1号機が起動するまでの2年弱の間、再び原発ゼロであったが、電力不足にはならなかった。企業の節電及び家庭電力の節電が定着しており、制度的に整備を行い、地域分散型エネルギー供給システムへの転換を進めれば、脱原発なしのシナリオが可能であることを示している。

このように、日本においては、脱原発とエネルギー政策の転換のための明確な政治的決定は行われていない。この点については後述する。

2　エネルギー転換のドイツ・モデル

1　脱原発の最初の政治的決定

日本のこのような動きとは違って、福島第一原発事故をきっかけにして、脱原発とエネルギー政策の転換を、改めて決定したのは、ドイツであった。ドイツは、高度に発展した産業国として、脱原発の政治的決定を行い、「エネルギー転換のドイツ・モデル」を実行している。ドイツ・モデルの特徴は、政権による政治的決定というトップダウン・アプローチと市民主導、地域主導のボトムアップ・アプローチの両輪が、効果的に組み合わされ、成果を挙げているところにある。概略ながら、このドイツ・モデルの重要な要因（坪郷, 2013a, 15-18, 25-28.）について述べよう。

第1の要因として、ドイツにおける脱原発とエネルギー転換は、政府による政治的決定により推進されている。この政治的決定は、シュレーダー「赤と緑」の連立政権（1998～2005年）と、メルケル保守リベラル連立政権（2009～2013年）という2つの異なる政権によって2度行われた。前者は、政権交代を契機にして、エネルギー事業者との合意形成を行って脱原発の政治的決定を行った事例（坪郷, 2013a, 38-55.）である。この政権は、初の社会民主党と90年同盟・緑の党の連立政権であり、1998年選挙における政権交代後、連立協定に基づいて、エネルギー事業者との間に「原子力合意」（2000年6月）を成し遂げた上で、政府による政治的決定を行い、2002年に脱原発法を制定した。同

時に、再生可能エネルギーの推進拡大のために新たな再生可能エネルギー法を制定した（2000年4月から実施）。

後者は、福島第一原発事故を契機にして行われた脱原発の政治的決定である。この政権は、CDU・CSUとFDPの連立政権であり、まず福島第一原発の事故直後に、原子炉安全委員会による原発の安全性の検証を行った。しかし、この技術的評価と結果は重要であるが、それは社会的合意を導くものではなく、リスクや一定の状況に対処する社会的考察方法の検討が必要であるとし、第2の委員会の設置を決めた。これが、「安全で確実なエネルギー供給のための倫理委員会（倫理委員会と略）」であり、その報告書に基づき、再度の脱原発の政治的決定が行われた。この報告書では、「核エネルギーをリスクの少ない技術により代替することが可能」であり、それが「エコロジー的、経済的、社会的に適合しうる」と結論付けている。メルケル政権は、事故の4カ月前に、シュレーダー政権の決めた原発稼働期間32年間を延長する（7基はプラス8年間、10基はプラス14年間延長）原発延長法を制定していた。メルケル政権は、原発延長法を撤回し、事故直後に停止させた建設時期の古い7基と以前から停止していた1基、計8基を廃止した。そして、2011年7月に、2022年までの各原発の停止・廃炉の年度を明記した脱原発法を制定した（坪郷、2013a, 15-18.）。

2 「安全で確実なエネルギー供給のための倫理委員会」報告

先に述べたように、倫理委員会は、原子炉安全委員会に対する第2の委員会と位置づけられたために、エネルギー経済の代表者は原発の安全性の検証に関わるが、リスク評価には加わらない。共同議長として、元環境相で国連環境計画元事務局長のクラウス・テッパーと、ドイツ研究協会会長マティーアス・クライナーが就任し、委員には、教会、元政治家、環境政策分野、哲学、リスク研究の従事者がなった。社会学者ウルリッヒ・ベック、環境政治学者ミランダ・シュラーズ、さらにキリスト教民主同盟・社会同盟、自由民主党、社会民主党のメンバーなどである。メンバーには原発批判派と原発擁護派が含まれているが、原子力の専門家はいない。

第7章　エネルギー政策と環境政策の統合

重要な点を見ていこう。第1に、報告書の倫理的立場の章において、「未来のエネルギー供給と核エネルギーの倫理的評価のキー概念は、持続可能性と責任である」と述べる。つまり、核エネルギーの利用、その終結、その代替についての決定は、技術的、経済的側面に先立って、社会的価値決定に基づいて行われるべきである。

第2に、「核エネルギーのリスクは、フクシマで変わったのではなく、まさしくリスク認識が変わった」。ここで重要なのは、日本のような高度技術国で原発事故が起こったことである。

第3に、「リスクを総合的に判断する」ことが必要である。核エネルギーによるエコロジー的な、健康に及ぼす結果が、文化的、社会的、経済的、個人的、制度的側面と同様に考慮されるべきである。もはや、原発が「多くの人間に進歩、福祉、支配できるリスクを伴うが限界のないエネルギーを約束する」と考えることはできない。

第4に、原発大事故の可能性があることから、「核エネルギーの断固たる拒否」の立場と「リスクの比較検討が可能」の立場がある。倫理的立場の議論において「私たちが選択できる選択肢がある」ことが前提である。「断固たる拒否」の立場は、「事故の可能性、次世代への負担、それらがリスクの比較検討を受け入れられないほどに放射性物質による長期にわたる影響の可能性があると評価する」。他方、「リスクの比較検討が可能」の立場は、「巨大技術装置においてゼロリスクはない」。「石炭、バイオマス、水力、風力、太陽エネルギー並びに原子力の利用におけるリスクはそれぞれ異なっているが、比較可能である」という見方である。また、ドイツの現状から、「原発はよりリスクの少ないエネルギー生産の方法によって代替可能である」。

第5に、議論の中では、基本的なリスク理解を重視し、倫理委員会の「共通の判断」として実践的観点から、「原発の利用を迅速に終わらせるということ、それがエコロジー的、経済的、社会的に適合するかどうかという基準から見て、リスクの少ないエネルギーに代替可能であるという結論に達した」。

このように、倫理委員会は、社会的合意を行うためのリスクの評価を倫理的立場から行い、原発批判派と原発擁護派がともに、リスク認識が変わったこと

で一致した。そして、原発を「より少ないリスクのエネルギーに代替することが可能であること」、「それが、エコロジー的、経済的、社会的に適合しうること」という結論に到達したのである（坪郷、2013a, 101-104.; 坪郷、2013b, 52-53.）。

3 反原発運動のインパクト

また、ドイツの脱原発の政治的決定には、1970年代からの粘り強い反原発運動のインパクトが大きいと言える。反原発運動は、社会運動として政治に影響力を持ってきた（Radkau, 2012.; ラートカウ, 2012.; Rucht, 2011.; Radkau und Hahn, 2013.; ラートカウ, ハーン, 2015.）。さらに、特に1986年のチェルノブイリ原発事故以降、ドイツにおける世論調査では、反原発が多数派になり、原発の新設は行われなくなった。反原発運動の中から、多くの環境団体やNGO、環境政策に関する研究所が誕生・発展した。環境団体や研究所は、独自の調査研究に基づき、積極的に政策提言活動を行い、環境エネルギー政策、気候保護政策、エネルギー転換に関する政策の実現に大きな影響力を持っている。

4 地域・自治体主導のエネルギー転換

ドイツのエネルギー転換は、トップダウン・アプローチとボトムアップ・アプローチを両輪として実施されている。ボトムアップ・アプローチとして、市民主導の事例と、地域・自治体主導の事例がある。市民主導の動きとして、市民が少額の資金を出資するエネルギー協同組合の設立・拡大、グリーンピースなど環境団体による再生可能エネルギーの普及促進が挙げられる。自治体主導の動きとして、「100％再生可能エネルギー地域」キャンペーン、気候保護自治体など多様な展開がある。さらに、連邦制の下で、州政府による州気候保護法の制定や、再生可能エネルギー推進政策も重要な役割を果たしている。

地域・自治体レベルの動きとして、再生可能エネルギーの促進と地域経済の活性化を結合させる「100％再生可能エネルギー地域」プロジェクトが実施されている。このプロジェクトは、大連立政権の2007年に始まり2013年まで連邦環境省の資金により促進され、連邦環境庁により専門的な支援が行われた。「100％再生可能エネルギー地域」は、地域におけるエネルギー転換の先駆者で

あり、エネルギーが平均以上に再生可能エネルギーで賄われている地域である。地域において多様な主体のネットワークを作り、包括的な計画づくりを行い、広報活動に取り組んでいる。これに対して、「100％再生可能エネルギー・スタート地域」は、「100％再生可能エネルギー地域」の前段階にあり、先駆的地域の経験に学び、エネルギー転換の促進に寄与する地域である。「100％再生可能エネルギー都市」は後につくられた区分であり、都市部で再生可能エネルギーの割合が平均以上に高く、省エネルギーを志向し、革新的な効率化技術を試みている地域である。

2013年1月の時点で、「100％再生可能エネルギー地域」73、「100％再生可能エネルギー・スタート地域」60、「100％再生可能エネルギー都市」3、合計136自治体・地域（人口2130万人の居住地域）であった。3年後の2016年10月には、「100％再生可能エネルギー地域」91、「100％再生可能エネルギー・スタート地域」59、「100％再生可能エネルギー都市」3、合計153自治体・地域（人口2500万人の居住地域）となっている（100ee, 2016, 2.）。

このプロジェクトは、「エネルギー供給の保障、環境保護・気候保護、地域における経済の活性化」という目標を同時に追求するものとして構想された。以前のエコロジーと経済が対立するものとして捉えられてきた見方に対して、「エコロジー的目標を経済的手段によって追求する道」である。またEUの「再生可能エネルギーの割合を高める農業地域ネットワーク」など、関連した多くのプロジェクトがある。

5　市民出資によるエネルギー協同組合

また、市民が自ら出資をし、再生可能エネルギーを拡大する動きとして、エネルギー協同組合の事例がある。日本とは違い、ドイツでは統一的な協同組合法があり、多様な分野の活動に利用することができる。2006年8月に施行された改正法により、従来の「7人（ないし法人）」による設立から、「3人（ないし法人）」から設立へと、より少人数で設立が可能になっている。協同組合は、組合員の経済的目的のために活動するが、この改革で新たに「社会的目的、文化的目的」が加わった。組合員は、協同組合の所有者ないし出資者であり、活

図7-3　ドイツにおける再生可能エネルギー発電設備の所有者内訳（2012年）

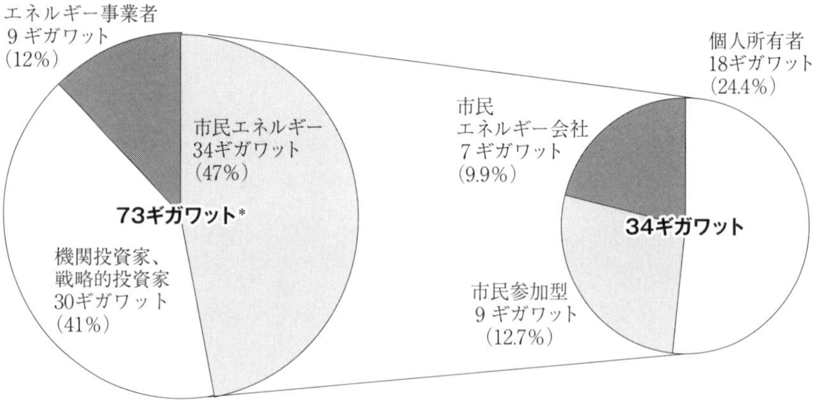

エネルギー事業者
9ギガワット
（12%）

市民エネルギー
34ギガワット
（47%）

73ギガワット*

機関投資家、
戦略的投資家
30ギガワット
（41%）

個人所有者
18ギガワット
（24.4%）

市民エネルギー会社
7ギガワット
（9.9%）

34ギガワット

市民参加型
9ギガワット
（12.7%）

出所：AEE, 2014より作成。*揚水発電、海上風力、地熱、廃棄物バイオを除く。

動の享受者である。総会では、出資額にかかわらず組合員はそれぞれ一票を行使する。協同組合の設立にあたって最低資本額は定められておらず、組合員の責任は出資分に限定される。

　エネルギー協同組合は、個人や農業者、企業・基金・銀行などの出資で賄われている。2001年66から、2008年144、2011年586、2012年746、2013年888と、2008年以降、急増している。市民によるエネルギー転換の動きであり、風力、太陽光、バイオマスの地域プロジェクトを行うために利用されている。2013年の時点で、多い州は、バイエルン州237、バーデン＝ヴュルテンベルク州145、ニーダーザクセン州127、ノルトライン＝ヴェストファーレン州109である。比較的ソーラー発電所が多い（AEE, 2013.; AEE, 2014.; 坪郷2013a, 60-64.）。

　なお、その後も、統計データは違うが、ドイツ協同組合・ライファイゼン連合会の統計（DGRV, 2016, 4-5.）によると、エネルギー協同組合は、2006年8、2008年67、2011年439、2012年589、2013年718、2014年772であり、さらに2015年は40増加し、812になっており、増加傾向は続いている。

　エネルギー協同組合も含めて、ドイツでは、2012年の時点で、風力、ソーラー、バイオマスなど再生可能エネルギー設備（揚水発電、海上風力、地熱、廃棄物バイオを除く）の47%（発電設備34ギガワット（GW））が、「市民の手」により

出資運営されている。この内訳は、個人所有者52％（18GW）、市民エネルギー会社（エネルギー協同組合等）21％（7GW）、市民参加型27％（9GW）である。これに対して、電力会社等のエネルギー事業者が12％（9GW）、機関投資家・戦略的投資家が41％（30GW）を占める。（AEE, 2013.; AEE, 2014.; 坪郷, 2013a, 60-64.）。

再生可能エネルギー施設の所有者の多くは個人（2012年35％）や農業者（11％）などであり、4大エネルギー供給事業者はわずか5％である。

6　エネルギー転換の計画と数値目標

ドイツのエネルギー転換は、脱原発とともに、気候保護、再生可能エネルギーの拡大、エネルギー効率の向上を3本柱としている。この3本柱については、具体的な数値目標が決められている。2011年6月に、「エネルギー転換」のための連邦政府の戦略文書が策定され、この文書において次のように数値目標が確認されている（BMU, 2011a.; BMU, 2011b.; 坪郷, 2013a, 129-130.）。気候保護の目標は環境政策の目標であり、再生可能エネルギーの拡大とエネルギー効率の向上という2本柱の計画は、脱原発と気候保護を同時に可能にするための前提とされている。しかも、これは、エネルギー政策や気候保護政策のみならず、産業政策の道標として有用である。まさしく、再生可能エネルギー法はエネルギー市場にオールタナティブな技術をよりよく統合するのに役立ち、さらなる雇用創出を可能にする。そして、2010年に策定された「エネルギー構想」の具体的な3つの目標を確認している。①気候保護の目標として、温室効果ガスを1990年比で2020年に40％削減、2030年に50％削減、2050年に80〜95％削減する。②再生可能エネルギーの最終エネルギー消費における割合の目標として、2020年に18％、2030年に30％、2050年に60％に増加させる。③エネルギー効率の目標として、一次エネルギー消費を2008年比で2020年までに20％削減し、2050年までに50％削減する。

再生可能エネルギーの最終エネルギー消費における割合は、2010年11.1％、2012年13.0％、2015年14.8％、電力における割合は、2010年17.0％、2012年23.5％、2013年25.1％、2015年31.5％と順調に増加している（BMWiE, 2017, 5.;

Vgl. BMWiE, 2016, 7.)。ドイツのエネルギー転換は、新たな雇用創出を行う再生可能エネルギーを基盤にした脱炭素型経済への転換である。

7 ドイツは電力の輸出国

この間、2015年6月27日に、バイエルン州グラーフェンラインフェルト原発が、予定通り廃炉になった。同原発は最大規模の原発であるが、廃炉にあたり新たな議論は行われていない。というのは、風力発電やソーラー発電が順調に拡大し、十分に代替されており、しかもドイツは近隣諸国との電力の輸出入では、記録的な電力輸出増になっているからである。なお、高レベル放射性廃棄物の最終処分場の立地は未決定であり、大きな課題がある。

ドイツのエネルギー転換に関して、「ドイツは、フランスの原発の電力を買って不足を補っている」という言説が行われているが、これは間違った議論である。図7-4のように、エネルギー転換後の2011〜2016年を見ても、全体として、ドイツは一貫して電力の輸出国であり、輸出量は増加傾向にある（AGEB, 2017, 29-30.）。さらに、エネルギー決算共同事業体（AGEB）のレポートによれば、フランスからの電力はドイツを通ってスイスに輸出され、スイスからイタリアに輸出されている。また、ドイツからオランダに多くの電力が輸出されているが、これはオランダからイギリスに輸出される。EUでは、1990年代後半にエネルギーの自由化が行われ、電力についても、近隣諸国間で頻繁に電力の輸出入が行われている。

8 順調なドイツのエネルギー転換

さて、ドイツでは、18年前の2000年に、再生可能エネルギーを送電線に優先接続する固定価格買取制度が開始された。この17年間で、電力における再生可能エネルギーの割合は、6.2%（2000年）から31.7%（2016年）に拡大し、褐炭火力発電、瀝青炭火力発電、原発を抜いて、電源のトップを占めるに至った。また、最終エネルギー消費における再生可能エネルギーの割合は、14.9%（2015年）である（表7-1を参照）。再生可能エネルギーの拡大により、温室効果ガスの削減が果たされ、2013年までに37万人の雇用が創出されている。2014

第 7 章　エネルギー政策と環境政策の統合

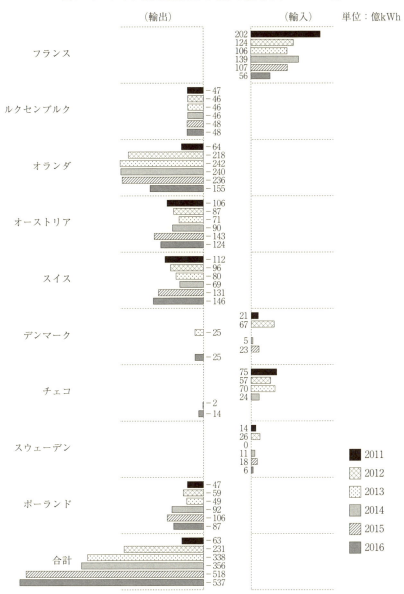

図 7-4　ドイツと近隣諸国との電力の輸出入（2011〜2016年）

出所：AGEB, 2017,29

表7-1 エネルギー転換の数値目標と現状（2015年）

	2015	2020	2030	2040	2050
温室効果ガス					
温室効果ガス（1990年比）	-27.2%	少なくとも-40%	少なくとも-55%	少なくとも-70%	-80%～-95%まで
再生可能エネルギー					
総最終エネルギー消費の中の割合	14.9%	18%	30%	45%	60%
総電力消費の中の割合	31.6%	少なくとも35%	少なくとも50% EEG 2025: 40～45%	少なくとも50% EEG 2035: 55～60%	少なくとも80%
暖房消費の中の割合	13.2%	14%			
交通分野の中の割合	5.2%	10%			
効率と消費					
一次エネルギー消費（2008年比）	-7.6%	-20%	→	→	-50%
最終エネルギー生産性（2008-2050年比）	年当たり1.3%（2008-2015）	年当たり2.1%（2008-2050）			
総電力消費（2008年比）	-4.0%	-20%	→	→	-50%
一次エネルギー需要の建物（2008年比）	-15.9%				-80%
暖房需要の建物（2008年比）	-11.1%		-20%		
最終エネルギー消費：交通（2005年比）	1.3%	-10%	→	→	-40%

出所：BMWiE, 2016, 7.

年、普及拡大の結果とてし、初めて再生可能エネルギー法賦課金が値下がりをした。地域によっては送電線の整備などの立地問題が生じているが、再生可能エネルギー促進に対する市民の支持率は高い。さらに、再生可能エネルギーの拡大には、販売する電力の電源割合を表示する「電源の表示」が義務付けられたことも重要であった。この点は、日本における家庭電力の自由化に際して重

要な論点である。グリーンピース・エネルギー協同組合や市民が作ったシェーナウ電力会社は、電力を100％再生可能エネルギーで供給する選択肢をつくり、急速に顧客を拡大させている（坪郷、2013a, 64-69, 69-72.; 田口, 2012.）。

このようなドイツのエネルギー転換の「サクセス・ストーリー」は、連立政権による脱原発の政治的決定というトップダウン・アプローチのみならず、他方で地域主導・市民主導のボトムアップ・アプローチによる再生可能エネルギーの普及拡大の動きが、うまくかみ合ったことによるものである。

ドイツの環境団体は、エネルギー転換を遅滞なく進行させ、可能な限り前倒しで脱原発の実施を目指している。さらに、脱原発に続く次の目標として、気候保護を実現するために、欧州やドイツで産出する石炭を使用する火力発電所からの撤退である脱石炭火力の実現を主張している。緑の党は、2017年連邦議会の選挙綱領で、2030年までの脱石炭火力を主張している。

9　EU共通エネルギー政策

ドイツのエネルギー転換は、EU共通エネルギー政策の枠組の中で展開されている。2017年2月1日公表のヨーロッパ委員会のファクトシートによると、EUでは2015年に最終エネルギー消費における再生可能エネルギーの割合がすでに16.4％に達している。EUは化石燃料の輸入依存度が約5割（2010年）と高いが、それゆえ再生可能エネルギーの増大は、エネルギーの輸入依存度を引き下げるとともに、エネルギーの高騰問題・供給問題（ロシアからの天然ガスの供給など）に対する対処になる。石炭は6割を自給している。

EUは、2020年目標として、温室効果ガスの1990年比20％削減、再生可能エネルギーの割合をエネルギー消費の20％に増加、エネルギー効率を20％上昇させることを掲げている（44-45頁参照）。この目標はすでに達成される見込みであり、EU首脳は2014年10月に2030年目標として、温室効果ガスを少なくとも1990年比40％削減（2050年までに80〜95％削減）、再生可能エネルギーを少なくとも27％に増加、エネルギー効率を少なくとも27％上昇させる（27〜30％）ことを決定した。

EU共通エネルギー政策は、エネルギー供給の保障、競争力の確保、気候保

護・環境適合性を目標にしており、エネルギー連合の枠組の中で、エネルギー政策と気候保護政策とを統合することが目指されている。加盟国はどのエネルギー源を利用するかを決定する権利を持つ。そこから、一方ではイタリアなど原発のない国があり、他方ではフランス、イギリスなど原発国があり、ドイツ、ベルギーは脱原発を決め、ポーランドは原発国を目指す。原発が電力の75％を占めるフランスも再生可能エネルギーの2020年目標23％であり、2013年にすでに14.2％に達している。当時オランド大統領は原発の割合を75％から50％に減少させることを目標にしていた。こうしたEU首脳の動きは、気候保護政策を前進させるためのものである。

3　日本におけるエネルギー政策転換の課題

1　政策転換が必要な理由

　日本では、福島第一原発事故の前に、同じ東京電力の柏崎刈羽原発（新潟県）が、2007年7月の中越沖地震で被災し、2～4号機はそのときから停止している。2012年3月26日に、定期検査で他の4基も停止し、全7基が停止している。このような地震の前から多くの専門家が警告してきたように、地震国日本において原発事故が起こりうるというリスクが現実にあり、それが繰り返されてきた。福島第一原発事故においては大気や土地、海洋に放射能汚染をもたらす過酷事故が生じた。まさしくドイツの「安全で確実なエネルギー供給のための倫理委員会」は、福島第一原発事故により重大な原発事故が現実に起こりうることを認識した。さらに、日本においては、地震のみならず、2014年9月に生じた御嶽山の噴火が示したように火山の噴火のリスクもある。

　日本にはこのような自然環境において原発に適合しない条件があることとともに、社会的、経済的条件において、人口減少社会への移行、省エネ技術とエネルギー効率の向上によるエネルギー減少経済への移行が予測される。太陽エネルギー（太陽光、太陽熱）、風力エネルギーの利用は、技術革新と普及により設置コストは逓減しており、限界のない、稼働燃料のいらない、輸入に依存しない価格高騰要因を持たないエネルギーである。他方では、石油、天然ガスな

どの鉱物資源は、埋蔵量に限界のある資源であり、これまでもそうであったように常に価格上昇圧力があり、コスト高のエネルギーである。鉱物資源の利用から再生可能エネルギーへの転換による脱炭素型経済社会への移行は、これまでの気候保護に関する政府間パネル（IPCC）の報告書で知られるように、地球温暖化防止の政策と密接な関係があり、国連気候変動枠組条約に基づく国際的な義務がある課題である。このような条件の変化と代替エネルギーの可能性があることから、気候保護（温室効果ガスの削減）と再生可能エネルギーを基本とする、エネルギー効率の向上（建物・住宅、冷暖房、交通など）を重視する経済社会システムへの移行が、世界的課題となっている。

　前述したが、3.11以降、定期点検のために全国の原発は順次停止し、2012年5月5日に日本におけるすべての原発が停止した。これは、同年7月に野田政権により関西電力の大飯原発における2基が再稼働するまで2カ月間続いた。さらに、大飯原発の原発も、定期点検により2013年9月15日に再度停止し、2015年8月11日に鹿児島県川内原発が稼働するまで2年近く全原発が停止した。2018年冬現在、東京電力管内では、原発なしが継続しているが、この間、夏冬の電力需要のピーク時に電力不足になることなく推移している。それは、企業や個人家計において、省電力の行動が定着していることも大きい。この行動を定着させる制度化があれば、原発なしで電力を賄うことが可能である。

　ここから導かれるのは、地震と火山の国である日本におけるエネルギーの選択肢は、脱原発と、それに代わる再生可能エネルギーの拡大とエネルギー効率の向上を柱とする環境エネルギー政策である。それは同時に、緊急の課題である地球温暖化を防止するために温室効果ガスを削減し気候保護を実現するために不可欠なエネルギー政策である。

2　脱原発の市民意識の持続

　すでに述べたように、安倍政権の下でのエネルギー基本計画の策定において、広範囲な市民参加は行われなかった。ここで、3.11以降の原発とエネルギーに関する市民意識を、朝日新聞とNHKの世論調査（河野・政木, 2014.; 河野・仲秋・原, 2016.）を通して見ておこう。表7－2（朝日新聞世論調査）は、「原

表7-2 「原発を利用すること」(朝日新聞世論調査2011〜2016年)

「原発を利用すること」	2011年6月11〜12日		2013年2月16〜17日	2014年2月15〜16日		
賛成	37%		37%	34%		
反対	42%		46%	48%		
その他 答えない	21%					

「原発を全面的にやめるとしたら、いつごろが適当か」	2011年6月11〜12日	「原発を今後どうしたらよいと思いますか」	2013年2月16〜17日	「原子力発電を段階的に減らし、将来は、やめることに賛成ですか。反対ですか。」	2014年3月15〜16日	2016年10月15-16日
すぐにやめる	16%	すぐにやめる	13%	賛成	77%	
5年以内	21%	2030年より前にやめる	24%	反対	14%	
10年以内	21%	2030年代にやめる	22%	ただちにゼロにする		14%
20年以内	16%	2030年代より後にやめる	12%	近い将来ゼロにする		59%
40年以内	6%			ゼロにはしない		22%
40年より先	2%					
将来もやめない	8%	やめない	18%			

出所:朝日新聞, 2011年6月13日;2013年2月18日;2014年2月18日;2014年3月18日;2016年10月18日

第 7 章　エネルギー政策と環境政策の統合

表7-3　「今後国内の原発をどうすべきか」（NHK 世論調査、2011〜2015年）

	2011年12月3〜11日全国	2013年2月衆院選後の政治意識	2013年9月参院選後の政治意識	2013年11月30日〜12月8日全国	被災3県	2015年12月12〜20日全国	被災3県
増やすべきだ	2 %	2 %	2 %	1 %	2 %	3 %	2 %
現状を維持すべきだ	26%	29%	27%	21%	19%	26%	22%
減らすべきだ	51%	43%	41%	46%	39%	49%	50%
すべて廃止すべきだ	21%	25%	29%	31%	39%	22%	24%
無回答	1 %	1 %	1 %	1 %	2 %	1 %	2 %

出所：河野・政木, 2014, 16-17.; 河野・仲秋・原, 2016, 45-46.

表7-4　「原発の運転再開」（NHK と朝日新聞の世論調査、2011〜2017年）

	NHK 2013年12月全国	NHK 2013年12月被災3県	NHK 2015年12月全国	NHK 2015年12月被災3県	朝日新聞2014年3月15-16日	朝日新聞2014年7月26-27日九州電力川内原発の運転再開	朝日新聞2014年9月6-7日	朝日新聞2016年10月15-16日	朝日新聞2017年3月11-12日
賛成	11%	6 %	17%	12%	28%	23%	25%	29%	26%
反対	44%	52%	40%	46%	59%	59%	57%	57%	54%
どちらともいえない	44%	41%	42%	42%					

出所：河野・政木, 2014, 17.; 河野・仲秋・原, 2016, 46-47.; 朝日新聞, 2014年3月18日; 7月28日; 9月8日; 2016年10月18日; 2017年3月14日

発を利用することに賛成か、反対か」「原発を段階的に減らし、将来は、やめることに賛成か、反対か」等を聞いたものであり、表7-3（NHK世論調査）は、「今後国内の原発をどうすべきか」を聞いている。各世論調査によって、問いが異なり、問いの仕方によって回答は違いが見られる。

「原発を利用すること」への回答は、2014年2月賛成34％、反対48％であり、2011年6月と比較しても賛成が減り、反対が増加している。「原発を今後どうしたらよいと思いますか」を聞いた場合、2013年2月の調査では、「すぐにやめる」13％、「2030年より前にやめる」24％、「2030年代にやめる」22％、「2030年代より後にやめる」12％、「やめない」18％である。2014年3月に実施された「原子力発電を段階的に減らし、将来は、やめることに賛成ですか。反対ですか」については、賛成77％、反対14％である。問いは異なるが、2011年と2013年も同様の数字がある。NHKの世論調査では、表7-3のように、2011年、2013年、2015年の各調査で、「減らすべきだ」と「すべて廃止すべきだ」を合わせると、全国2011年12月72％、2013年11月77％、2015年12月71％であり、被災した3県ではより高い。

原発の「運転再開」についても、表7-4のように、賛成より反対が上回っており、NHK2015年全国、賛成17％、反対40％、どちらともいえない42％、被災三県、賛成12％、反対46％、どちらともいえない42％である。「どちらともいえない」の項目のない朝日新聞の調査では、2014年3月賛成28％、反対59％、2017年3月賛成26％、反対54％であり、この傾向は持続している。

このように、2011年から現在まで、市民意識における脱原発の意識（約6～7割）は継続しており、安倍政権の原発回帰・原発再稼働の政策とは乖離している。

3　電力システムの改革

次に、日本におけるエネルギー政策の転換のための課題をいくつか見ていこう。エネルギー転換の前提として、いわゆる「電力の自由化」と言われてきた電力システムの改革が必須である。これは、すでに、民主党政権期の「革新的エネルギー・環境戦略」において、指摘されている。政権交代を経ても変更は

第 7 章　エネルギー政策と環境政策の統合

なく、経産省の電力システム改革専門委員会が、2013年 2 月に報告書を取りまとめ、「電力システム改革の工程表」を公表した。これを受けて、安倍自公政権は、2013年 4 月に「①広域系統運用の拡大、②小売・発電の全面自由化、③法的分離の方式による送配電部門の中立性の一層の確保、電気の小売り料金の全面自由化を柱」とする「電力システムに関する改革方針」を閣議決定した。電力システムの改革の工程表（電力システム改革専門委員会, 2013, 55.）は以下のとおりである。

　第 1 段階：2013年度に法案を提出し2015年度を目途に「広域系統運用機関」を設立し、送電網を通じて地域を越えて（全国的に）電力を融通できるようにする。

　これについては、2013年11月に電気事業等の一部を改正する法律（第 1 弾）が成立し、2015年に電力広域的運営推進機関が設立された。

　第 2 段階：2014年度に法案を提出し、「電気の小売業への参入の自由化」を2016年度を目途に実施する。これにより、家庭や中小商店に対して、新規参入した再生可能エネルギー発電会社等も電力を売れるようにし、市民個人がどの発電会社から電気を買うのかを選択できるようにする。

　これについては、2014年 6 月に電気事業法改正法（第 2 弾）が成立し、2016年 4 月より電気小売業への参入の全面自由化が行われた。

　第 3 段階：法的分離による送配電部門の中立性の一層の確保、電気の小売り料金の全面自由化を行う。電力会社の送配電部門を別会社に分ける。2015年に改正案の国会提出を目指し、2018～20年を目途に行う。

　これについては、2015年 6 月に、電気事業法の改正（第 3 弾）が都市ガス、熱供給に関する制度改革の法案とともに成立し、送配電部門の法的分離（2020年 4 月施行）と、都市ガスの全面自由化（2017年）・導管部門の法的分離（2022年）が行われる。

　この工程表に関して、エネルギー転換のためには、年度をもっと前倒しで実施すべきという批判が出ている。環境団体など（環境エネルギー政策研究所、気候ネットワーク、世界自然保護基金ジャパン等, 2013.）が意見書を提出している。その重要な点として、①電力に限定されないエネルギー事業法（仮称）の制定が

必要であること、②広域系統運用機関の設立に関して、電力の需給逼迫時などの緊急時の利用のみならず、平常時から広域運用を前提にすること、再生可能エネルギー電源の系統接続の拒否を防止し、運用時にその優先給電を義務とすること、③小売り全面化に重要な点は、ピーク電力（1日の最大の電力需要の時間帯の電力）を抑制する料金システムの導入を義務付けること、④発送電分離に関しては、最終的に所有権分離まで踏み込むべきこと、法的分離は2017年までに実施すること、⑤新たな強力な規制機関を設置し、発送電部門を所有する一般電気事業者による接続拒否の監視や指導を行う、託送料金の算定根拠を透明化し抑制すること、を提言している。

再生可能エネルギーを促進し、石炭・石油・天然ガスなどの化石燃料から再生可能エネルギーへのエネルギー転換を行うために、この発送電分離や電力の小売りの全面自由化、広域での電力需給調整を行う広域運用が、不可欠である。これからのエネルギー政策において、多様な発電事業者と小売り事業者の間で社会的コストなどの情報公開に基づいて競争が起こる仕組み、市民がエネルギー政策の決定、実施に参加し、自らエネルギーや電力を選択できる仕組みを作ることが重要である。

4　再生可能エネルギーの促進

再生可能エネルギーの促進制度として、ドイツにおいて導入された固定価格買取制が、世界的に普及している。この制度はFIT（Feed-in tariffs）と呼ばれ、2012年初めの時点で、少なくとも65カ国と27州（ないし地域）で導入されている。他方、RPS制と呼ばれるエネルギー割当基準は（固定枠制）は18カ国と少なくとも53の地域で実施されている（REN21, 環境エネルギー政策研究所訳, 2012, 8.; REN21, 2014.）。

世界における再生可能エネルギーの普及・拡大の可能性は大きい。日本においても、2010年の時点で、環境省、経産省、農水省によって再生可能エネルギーの「導入ポテンシャル調査」が行われ、2011年に公表されている。コスト等検証委員会がまとめた資料（コスト等検証委員会, 2011.）によれば、次のようなポテンシャル（設備容量）がある（一部を抜粋）。

第7章　エネルギー政策と環境政策の統合

①太陽光発電（住宅）、9100万kW（屋根・屋上、側壁）（経産省調査）
②太陽光発電（非住宅系）、1億5000万kW（環境省調査）、（2009年既設263万kW、住宅を含む）
③風力発電、陸上2億8000万kW（環境省調査）、洋上16億kW（環境省調査）、（2010年既設244.2万kW、日本風力発電協会調査）
④中小水力、1400万kW（環境省調査）、（既設960万kW）
⑤地熱発電（熱水資源開発）、1400万kW（環境省調査）、（2009年既設53万kw）

これに対して、2009年度の10電力会社の設備容量は2億397万kW、東京電力6449万kWであり、固定価格買取制が有効に機能すれば、そのポテンシャルは十分にある。

　日本における再生可能エネルギー促進制度として、民主党政権期（菅首相）の2011年8月に、「電気事業者による再生可能エネルギー電気の調達に関する特別措置法」が成立した。これは固定価格買取制（FIT制度）であり、電気事業者が、再生可能エネルギーを固定価格で、太陽光については10年ないし20年間、風力、中小水力、バイオマスは20年間、地熱については15年間、買い取る制度である。このようにエネルギーの種類毎、規模別に、固定価格と買取期間が設定されているのは、例えば太陽光と風力では発電コストが大きく違い、風力でも規模により違い、それぞれの条件に従った促進の仕組みがとられることにより、効果的に促進されるからである。買取費用は、電気料金を通じて再生可能エネルギー賦課金として消費者が負担する仕組みである。今後普及拡大が進めば、ドイツにおけるように発電コストが低下し、買取価格も低減する。この点から買い取り価格は定期的に見直す必要がある。なお、ドイツにおいても、再生可能エネルギーの賦課金のために電力料金が上昇したという議論があるが、電力料金の上昇要因は多くあり、化石燃料の輸入（高騰要因がある）、電力税など他の負担分、さらに、エネルギー集約企業とされる多くの企業に対して再生可能エネルギーの賦課金が免除されていることなどである。再生可能エネルギーの賦課金は、2015度に引き下げられた。再生可能エネルギーの割合の上昇により、むしろ中期的に上昇要因は緩和される。電力料金のみを議論するのではなく、エネルギー構造の転換問題が議論されるべきである。

5 再生可能エネルギーの優先接続の原則

しかし、現在の大きな問題は、ドイツのような、再生可能エネルギー発電施設を、送電線網に優先的に接続する「優先接続」が実現していないことである。日本の制度でも、電気事業者は、再生可能エネルギー電力の買取契約と接続を拒んではならないという規定があるが、例外事項がある。つまり、旧第5条に「当該電気事業者による電気の円滑な供給の確保に支障が生じる理由があるとき」という事項があった。2014年秋に九州電力、北海道電力など5電力が、この規定を使って、再生可能エネルギーの電力の受け入れ凍結宣言をする事例が生じている。ドイツなどのFIT制度で重要なのは、「再生可能エネルギーの優先接続の原則」である。この前提となっているのは、電力自由化と日本ではこれから実施される発送電の分離である。発送電の分離により、送電系統会社が、すべての再生可能エネルギーの受け入れを義務付けられている。この制度により、ドイツにおいては、2014年の時点ですでに1日のある時間帯の総電力に占める再生可能エネルギーの割合が、5割を超えている場合がある。

新しい固定価格買取制度が導入されてから、再生可能エネルギーの設備認定容量は拡大した（7221万kW）ものの、その90％以上（6634万kW、2014年10月17日）が非住宅の太陽光（メガソーラー）であり、風力やバイオマスの導入は少ない。しかも実際に企業によるメガソーラーで稼働した設備は少ない。これは、再生可能エネルギー、再生可能電力の導入目標が明確にされず、買取制度の制度設計が十分ではないこと、前述の電力システム改革のための基盤整備がまだ十分でないことが大きく影響している。

したがって、電力システム改革を前倒しで進めることとともに、エネルギー・電力における再生可能エネルギーの割合の目標（2020年、2030年、2050年それぞれの目標）を法律に明記することが検討されるべきである。

なお、2017年4月1日より改正固定価格買取制が実施され、新認定制度（設備認定から事業計画認定へ）と2000kW以上の太陽光発電設備を対象に入札制度が導入されている。

4　日本における市民主導、地域主導によるエネルギー政策の転換

1　大規模・集中型から小規模・地域分散型エネルギー供給システムへ

　エネルギー転換は、鉱物資源の利用を再生可能エネルギー利用に転換することとともに、エネルギー消費の大幅な削減を意味する。つまり、省エネルギーとエネルギー効率の向上（建物・住宅、冷暖房、交通等）が決定的に重要であり、技術的にも可能である。こうした構造転換は、気候保護を実現する道である。さらに、再生可能エネルギー自体が、地域に分散して賦存するものであり、小規模・地域分散型エネルギー供給を可能にするものである。これからの電力・エネルギーの供給システムには、これまでの「大規模・集中型エネルギー供給システム」から、「小規模・地域分散型エネルギー供給システム」への転換が重要である。このようなシステムの転換は、政府による政治的決定と政策転換を不可欠とする。しかし、同時に、市民主導、地域主導の新たなシステム構築が可能である。次に、こうした市民主導、地域主導の動きを見ておきたい。

2　市民電力の動向

　まず、市民主導のものとして、「市民電力（市民共同発電所）」「コミュニティパワー（ご当地電力）」、生活クラブ生協やグリーン・コープなど生協による市民発電所づくりなど多様な活動がある。多様な市民の活動をさらに広げるために、連携と支援の動きが出てきている。2014年5月に、地域エネルギー事業に取り組む「全国ご当地エネルギー協会」が設立されている。会津電力、自然エネルギー信州ネット、ほうとくエネルギー株式会社、NPO九州バイオマスフォーラム、北海道グリーンファンド、大地を守る会、生活クラブ生協神奈川、パルシステム生協連合会など多くの市民組織が参加している。

　また、都市部においての市民の動きとして、首都圏の市民電力・市民団体が都市部の市民電力の連携を強めるために市民電力連絡会を、2014年2月に結成している。この連絡会によりすでに市民電力事業を行うための連続セミナーが開催されている。この参加団体は、1997年から活動を始め、1999年にお寺の屋

根に太陽光発電の市民立発電所をつくった「NPO足元から地球温暖化を考える市民ネットえどがわ（足温ネット）」、多摩電力合同会社、調布まちなか発電非営利型株式会社、こだいらソーラーなど多様である。これらの市民団体は、寄付金、疑似私募債（直接金融）、信託など多様な方法で市民資金を集めている。東京都内では、2015年末の調査では、活動している27団体のうち、都内にソーラー発電所を設置しているのは12団体、都外に発電所を設置する2団体がある。固定価格買取制度の導入後の2013年以後増加し、2014年に一挙に45基が設置されている。そのうち、多摩電力（13基）や調布まちなか発電（34基）は、学校や福祉施設、公民館など公共施設の屋根貸しにより10kW〜50kWの発電所を設置している。[1]

3 「市民・地域共同発電所全国調査報告書」（2017年）

「市民・地域共同発電所全国調査報告書」（アンケート調査は2017年1〜2月に実施）[2]によると、市民発電所は、2013年調査時の115団体458基の発電所から、約200団体1028基の発電所へと倍増している。このうち、太陽光発電所984基、大型風力発電30基、小型風力10基、小水力発電4基であり、風力や小水力はほとんど増加せず、太陽光発電所は倍増している。しかし、導入実績は、固定価格買取制度（FIT）施行後に急増したものの、2016年はFIT以前の2011年と変わらないレベルに減少している。買取価格の低下などが影響していると考えられる（豊田, 2017.）。

都道府県別では、長野県353基、福島県92基、東京都83基、京都府50基の導入実績が多い。アンケート調査は、100団体に送付し38団体から回答を得て集計したものである。それによると、組織形態では、NPO法人37％、一般社団21％、会社組織（合同会社、株式会社等）21％、任意団体13％、地域協議会5％、地縁組織3％である。有給専従職員のいる団体は、10団体、スタッフ1名以上16団体、2名以上12団体である。市民発電所の設置の目的としては、「地球温暖化防止、低炭素社会の実現」大変当てはまる35団体、すこし当てはまる3団体、「原子力発電の代替案としての自然エネルギー普及」大変当てはまる29団体、すこし当てはまる5団体、「発電所づくりを通じた地域住民や自治体、

第7章　エネルギー政策と環境政策の統合

表7-5　市民・共同発電所を普及していく上で必要な支援や制度・施策

	大変重要である	やや重要である	あまり重要ではない	全く重要ではない
発電所設置における技術的（ソフト、ハード両面の）サポート	17	13	8	0
事業立ち上げ時の財政的支援（補助、低利融資など）	24	9	5	0
ファンド形成、資金調達に関する支援	29	7	2	0
発電所の維持管理に関する支援（メンテナンス、発電量の計測・監視）	15	15	7	1
固定価格買取制度による適切な価格設定と買取機関の設定	28	7	3	0
再生可能エネルギー電力接続の保証	27	8	3	0
発電所の運営に関するノウハウの提供、人材育成の支援	17	17	4	0
自治体による自然エネルギー条例や市民共同発電所の支援制度の整備	26	7	5	0
税の減免・優遇措置（固定資産税・法人税の減免措置、グリーン投資減税など）	23	8	7	0
エネルギー協同組合などの地域でのエネルギー事業に適した組織作りの面での支援	23	11	3	1
ノウハウや課題、展望などを共有するためのネットワークの拡充（市民電力連絡会、全国ご当地エネルギ協議会、市民・地域共同発電所全国フォーラムなど）	27	10	1	0

出所：豊田, 2017.

他団体、企業との連携」大変当てはまる29団体、すこし当てはまる5団体、が上位にある。市民発電所の事業実施にあたり特に重視している連携先については、「地域住民・市民」、「市町村」、「他の民間団体（NPO等）」が上位にある。事業の実施にあたって課題となったことは、「資金調達、資金管理」が大きな課題となった25団体、一定の課題であった11団体、「設置場所探しやその選定」が大きな課題となった23団体、一定の課題であった13団体、「設置場所・地域関係者、自治体等との合意形成」が大きな課題となった13団体、一定の課題であった13団体である。

普及していく上で必要な支援や制度・施策としては、表7-5のように、「ファンド形成、資金調達に関する支援」、「固定価格買取制度による適切な価格設定と買取機関の設定」、「再生可能エネルギー電力接続の保証」、「ノウハウや課題、展望などを共有するためのネットワークの拡充」、「自治体による自然エネルギー条例や市民共同発電所の支援制度の整備」が上位に来ている。

今後の事業展開については、「現在の形の発電所づくりをすすめる」が最も多い。一定割合の団体は、今後、「熱や燃料などもふくめた地域単位のエネルギー自給（再エネ100％）に向けた展開」や「発電電力の売電先の変更」についても実施すると答えている。

このアンケートでも指摘されているように、市民電力により、現在直面している政策課題が意識されており、今後の新たな展開についても、バイオマスの熱利用や燃料などへの取り組み、さらに新電力との提携も含めて「再生可能エネルギー100％の電力を一般家庭や自治体へ供給する仕組み」が検討されている。

4　生活クラブ生協による「エネルギー自治」の取り組み

市民からの取り組みの事例として、生活クラブ生活協同組合（生協）による市民風力発電所づくり[3]を取り上げよう。生活クラブ生協は以前から地域において福祉や環境問題に取り組み、脱原発運動を展開している。この活動は、2010年末に行われた、北海道にすでに設置されていた市民風車の見学から始まった。生活クラブの首都圏4単協（東京、神奈川、埼玉、千葉）が、2010年8月に「生活クラブ風車構想」を提案し、2011年6月に「生活クラブ風車建設と生活クラブ事業所へのグリーン電力供給」を決定した。事業主体として市民電力会社「一般社団法人グリーンファンド秋田」を設立し、秋田県にかほ市に生活クラブ風車「夢風」を建設し、2012年3月から発電を開始している。グリーン電力証書化により生活クラブ生協事業所が購入し使用することにより、事業所の52.5％の電力をグリーン電力で賄った。

生活クラブ風車建設の目的として次の5点が挙げられている。①「自分たちで使うエネルギーを選択できる社会にしていきたい」。「首都圏4単協の事業所

で生活クラブ風車で発電したグリーン電力の共同購入を行うことからスタートする」。②「自分たちで発電して、自分たちでその電気を購入することで実質的に原発で発電した電気の不買とエネルギーの自主管理を」目指す。③「生活クラブ事業所をCO_2フリーにし地球温暖化防止に貢献」する。④この実践を通じて、「新しい電気の生産・流通・消費のしくみを日本の中で広げる運動につなげたい。また、首都圏での太陽光やバイオマス・水力などの再生可能エネルギーを拡げる運動に」つなげる。⑤立地の「にかほ市との自然エネルギーを縁とした［生協］組合員との交流やにかほ市の産物などを扱う事業の検討、にかほ市内での自然エネルギーの普及など地域間連携を」つくること、を挙げている。

　また、生協の組合員参加の運動として進めるために、2012年に風車建設カンパ活動を展開し、首都圏4単協で、11,876人が参加し、17,635,500円が集まっている。さらに、生活クラブは、「国のエネルギー政策転換に関する意見書」を提出し、生活クラブ生協神奈川は、「神奈川県　省エネルギー・再生可能エネルギー促進条例（仮称）」制定活動に取り組んでいる（研究フォーラム2012, 2012, 16-21.）。この風力発電所の建設事業では、生協の組合員が参加してカンパ活動を展開し、組合員が電力や原発を考える機会となり、にかほ市との市民間交流を大事にする地域間連携を重視している。

　第2段階として、首都圏の生活クラブの取り組みは、全国の生活クラブ生協で構成される生活クラブ連合会全体のエネルギー政策となり、組合員による電気の共同購入を行う事業に取り組むことになる。そのため、2014年10月に電力小売り会社として株式会社生活クラブエナジーが設立された。2016年4月から一般家庭の電力自由化が実施され、生活クラブエナジーは、2016年6月から組合員に電力の供給を始めた。2016年度の生活クラブエナジーの電力の約60％が再生可能エネルギーであり、今後100％の供給を目指している。さらに、福島県の会津電力と契約を結び、出力約1メガワットの太陽光雄国発電所の電気を販売する。同じく福島県飯舘電力の電気も購入する予定である。こうした活動により、農業地域と都市地域の新たな協力関係に基づく「エネルギー自治」を目指している（生活クラブ連合会, 2017, 6-9, 41-44.）。

5 自治体主導の動向

　自治体主導の動きとしては、飯田市の環境都市づくりのように、以前から自治体が独自に再生可能エネルギーの促進に取り組み、3.11以降に「飯田市再生可能エネルギーの導入による持続可能な地域づくりに関する条例」を策定している事例がある。また、環境省の支援事業として2011年から2013年まで25の地域で「地域主導による再生可能エネルギー等導入事業化支援事業」が行われている。さらに、「地域的エネルギー需要量の100％を計算上再生可能エネルギーで賄っている市町村」と定義されている「100％エネルギー永続地帯」の活動が行われている（倉阪, 2012, 11-12.）。

　このような活動においては、2011年に世界風力エネルギー協会が発表した次のような「コミュニティパワーの3原則」が基本になっている（環境エネルギー政策研究所, 2014, 15.）。

1．地域の利害関係者がプロジェクトの大半もしくはすべてを所有している。
2．プロジェクトの意思決定はコミュニティに基礎をおく組織によっておこなわれる。
3．社会的・経済的便益の多数もしくはすべては地域に分配される。

　小規模・地域分散型エネルギー供給システムは、この原則に基づく多様な地域におけるエネルギーづくりの活動を通じて、具体化されていくであろう。企業が地域にソーラーパークや風力発電所を設置する場合も、この原則に沿うことが必要である。

　また、全国でメガソーラーパークの立地をめぐって、事業者と地元の市民の間で紛争が生じている。関連して、景観保護や自然保護の観点からの国の制度の見直し（環境影響評価法の改定など）や自治体による条例制定などが議論されている。その際、先のコミュニティパワー3原則は基本となる論点である。

　さて、日本においても、「再生可能エネルギー100％地域」に関連した動きがある。千葉大学倉阪研究室は、環境エネルギー政策研究所と共同で、2005年より「永続地帯」研究調査を行っている。永続地帯は、「その区域で得られる再生可能エネルギーと食料によって、その区域におけるエネルギー需要と食料需

要のすべてを賄うことのできる区域」と定義している（千葉大学倉阪研究室＋認定NPO法人環境エネルギー政策研究所, 2017, 2.）。この研究は、「全国の市区町村ごとに、再生可能エネルギーの供給量と、地域的エネルギー需要量を推計する」ものである。再生可能エネルギーとして、太陽光発電、事業用風力発電、地熱発電、小水力発電、バイオマス発電、太陽熱、地熱利用、バイオマス熱を含めており、熱利用を含めているところに特徴がある。地域的エネルギー需要量として、民生部門と農林水産業部門のエネルギー需要量を考えている。ここでは、「地域的エネルギー需要量の100％を計算上再生可能エネルギーで賄っている市町村」を「100％エネルギー永続地帯」と呼んでいる（倉阪, 2012, 11-12.）。これに該当するのは、2011年3月末に全国で52市町村があり、このうち27市町村が食料自給率でも100％を超えている。例えば、北海道苫前町、ニセコ町、幌延町、岩手県葛巻町、秋田県鹿角市、福島県下郷町、長野県小海町、栄村、熊本県小国町、大分県九重町などである。2016年3月の時点で71市町村に増加し、39の市町村が食料自給率でも100％を超えている。「地域的エネルギー需要の1割以上を再生可能エネルギーで計算上供給している都道府県は、2012年3月8県から2016年3月25県に拡大し、全国の「地域的エネルギー自給率」は、2016年3月で7.98％になっている（千葉大学公共研究センター・環境エネルギー研究所, 2012, 7.; 千葉大学倉阪研究室＋認定NPO法人環境エネルギー政策研究所, 2017, 2.）。

　次に、都道府県レベルの事例を見よう。例えば、長野県は、2013年2月に「第3次長野県地球温暖化防止県民計画」として「長野県環境エネルギー戦略」を策定している[4]。基本目標として「持続可能な低炭素な環境エネルギー地域社会をつくる」ことを掲げる。これは、「経済は成長しつつ、エネルギー消費量と温室効果ガス排出量の削減が進む経済・社会」を意味し、経済成長とエネルギー消費量の分離を実現するものである。そのため、長野県は、「自然エネルギーと省エネルギー」を推進する際、「①環境（温室効果ガスの削減）、②経済（資金流出から域内投資へ）、③地域（活力と創造の源）」の3点を重視する。自然エネルギーの推進を地域主導で行うことにより、その利益を地域に循環させる構造を作る。設置・メンテナンスに地域が係わり、地域の担い手が主導し、地域の合意に基づき、地域資金（地銀、信組、信金、農協、労金、市民ファンドなど）

を使うものである。

　長野県は6つの支援策を実施しているが、その一つとして「1村1自然エネルギープロジェクト」(http://www.pref.nagano.lg.jp/ontai/kurashi/ondanka/shizen/jire.html) がある。県内で行われる自然エネルギーを活用した取り組みを広く募集をしている。2016年11月28日現在で、183件である。事業者は、自治体100、民間事業者49、協議体17、NPO12などであり、エネルギー種別では、太陽光57、バイオマス42、小水力26、複合種25、地中熱15などである。

　市町村レベルにおいては、例えば、長野県飯田市の環境都市づくりの事例がある (諸富, 2015a)。飯田市は、2013年4月1日から、「飯田市再生可能エネルギーの導入による持続可能な地域づくりに関する条例」を施行している。条例は目的として、「様々な者が協働して、飯田市民が主体となって飯田市の区域に存する自然資源を環境共生的な方法により再生可能エネルギーとして利用し、持続可能な地域づくりを進めることを飯田市民の権利とすること及びこの権利を保障するために必要となる市の政策を定めることにより、飯田市におけるエネルギーの自立性及び持続可能性の向上並びに地域でのエネルギー利用に伴って排出される温室効果ガスの削減を促進し、もって、持続可能な地域づくりに資すること」と書いている。再生可能エネルギーの活用と温室効果ガスの削減を行う持続可能な地域づくりを目的としている。この条例のきっかけは、固定価格買取制の導入であるが、他方で休耕田などの遊休地を活用する場合も、東京の大手企業の参入が目立ったことにあった。飯田市は、「太陽光や小水力、木質バイオマス発電などの可能性を大きく」持っており、「地元の自然資源を使って発電し、その売電収益を、住みやすい地域づくりのために充てていく活動を支援する条例」としている。地域の再生可能エネルギーの活用は、地域の市民主体で、地元企業や地域の金融機関が関わって進めることを考えているのである (朝日新聞, 2013.04.07, 安井孝之氏の記事)。この条例は、以下で述べるような環境都市づくりの蓄積の中で制定されている。

　飯田市は、1996年の「環境文化都市」づくりから活動を継続しており、2009年に「環境モデル都市」に選ばれている。飯田市市役所は、2000年に国際標準化機構 (ISO) 14001 (環境マネジメントシステム) の認証を取得し、2003年に

は「自己適合宣言」を行い、さらに地域の事業者が取り組みやすいように、審査・登録料金が無料の「南信州いいむす21」を実施している。

　他方、1996年には「新エネルギービジョン」を策定し、太陽光発電の普及に力を入れている。「地産地消のエネルギー」を目指して、「太陽光市民共同発電事業」を推進している。この推進主体として、NPO「南信州おひさま進歩」が発足し、2004年に市民発電所である「おひさま発電所1号」を設置した。2005年に市民出資の仕組みとして市民ファンド（現在「地域MEGAおひさまファンド」）がつくられ、市内や周辺地域で160カ所を超える公共施設（保育園など）や事業所の屋根を活用して、「太陽光市民共同発電所」がつくられている。なお、飯田市は、全国に先駆けて「公共施設の屋根貸しを無償で行う方式」を導入している。ファンドの出資金は、10万円ないし50万円である。これにより、地域のエネルギー会社が太陽光発電による電気を供給している。また、飯田市には、「飯田市太陽光発電設置補助金」があり、これにより、世帯当たりの普及率は、1997年0.1％、2008年2.32％、2012年5.86％と上昇している。さらに、「南信バイオマス協同組合」が製造する木質ペレットを利用する小中学校のペレットストーブ、公共施設のペレットボイラーを中心に、「森のエネルギー」利用を推進している。

　東日本大震災の被災地における市町村自治体レベルで策定された多くの復興計画の中に、地域における再生可能エネルギーの促進が柱として位置づけられ、風力発電、太陽光、地熱、バイオマスを活用した地域再生のプロジェクトが実施され始めている。地域の新しい産業として始動することにより、経済の活性化につながり、雇用の創出になる。

5　日本におけるエネルギー転換の道

　最後に、エネルギー政策の転換と脱原発を進めるために、重要な論点をまとめておこう。日本においては、民主党政権の下で、エネルギー政策の転換と2030年代までの脱原発依存の方針が決定されたが、エネルギー基本計画の改定は実現せず、脱原発依存のための具体的なシナリオを含む法律はつくられな

かった。2012年末の政権交代後、安倍自公政権は、民主党政権の「2030年代に原発稼働ゼロ」を見直し、原発を「ベースロード電源」と位置づける一方、再生可能エネルギー拡大の目標は明確にされていない。つまり原発回帰・再稼働路線をとっている。

　民主党政権で、「革新的エネルギー・環境戦略」を決定するにあたって、意見聴取会、パブリックコメント、討議型世論調査など、これまでにない市民参加が行われたことは特筆されるべきである。エネルギー政策の転換において、継続して市民参加が実践されることが、日本のデモクラシーの強化のためにも重要である。この間、多くの環境団体やNGO・NPOが、エネルギー政策の転換と脱原発のために、活発に政策提言活動を行い、重要な役割を果たしている。例えば、2014年4月に、原子力市民委員会が、「脱原子力政策大綱」を公表している（原子力市民委員会, 2014.）。NPOや協同組合などが、広く連携・協力を強め、一層の政策提言活動を展開するという課題がある。

　このように、日本における政府のトップダウン・アプローチは不十分であるが、それゆえなおさら、ボトムアップ・アプローチを強め、エネルギー政策の転換に向けた市民主導、地域主導の動きを下からつくり、拡げていくことが重要である。自治体レベル、都道府県レベルにおける省エネ・エネルギー効率の向上、再生可能エネルギーの促進、温室効果ガスの削減の活動が始動している。市民主導、地域主導でエネルギー転換をそれぞれの地域で推進し、それぞれの地域固有のエネルギー供給システムの構築を行うことにより、新たな小規模・地域分散型エネルギー供給システムの開発を進めていくことが重要である。こうした動きは、エネルギー転換のための次なる政治的決定につながるであろう。

【注】
1)　「NPO法人足元から地球温暖化を考える市民ネットえどがわ（足温ネット）」の山崎求博氏により「都内市民電力団体一覧（2015年末現在）」を作成した（『都内基礎自治体データブック2014年版』公益社団法人東京自治研究センター, 一般社団地域生活研究所, 2016年3月, 21-22, 65-66.を参照）。この一覧は、JSPS科研費26380189の助成を受けたものである。さらに、2017年2月17日「せたがや市民合同会社」（山木きょう子氏）、2月20日

「NPO 法人足元から地球温暖化を考える市民ネットえどがわ（足温ネット）」（奈良由貴氏、山崎求博氏、柳澤一郎氏）、2月24日「調布まちなか発電非営利型株式会社」（丹羽正一郎氏、稲田恵美氏）、3月3日「多摩電力合同会社」（大木貞嗣氏）、それぞれの活動についてインタビュー調査を行い、市民発電所の見学を行った。

2)「市民・地域共同発電所全国調査報告書」（アンケート調査は2017年1～2月に実施）はJSPS 科研費26380189の助成を受けて、豊田陽介氏（認定 NPO 法人気候ネットワーク）によりアンケート調査を行ったものである。

3) 生活クラブ生協の取り組みに関しては、株式会社生活クラブエナジーの半澤彰浩氏、赤坂禎博氏より情報の提供をいただいた。

4) 2016年3月17日に、当時長野県環境部環境エネルギー課企画幹であった田中信一郎氏にインタビュー調査を行った。

むすびに

　最後に、若干の重要な論点を振り返っておきたい。第1に、2015年に締結され、僅か一年足らずの2016年に発効した気候保護に関するパリ協定は、「気候変動の原因の確定、対象国の増大、法的拘束力と自発的な寄与の組み合わせ、一連の規制ルールの策定」いずれの点でも、京都議定書の体制をさらに発展させた。このことは、新たな気候保護政策のための国際的レジームを創出したという意味で、「レジーム転換」と言われる。このレジーム転換をもたらした国際交渉において「非国家アクター」といわれる環境団体など市民社会組織や企業が重要な役割を果たしている。また、この新たなパリレジームにおいて各国が気候保護政策や計画を決定・実施するにあたって市民社会組織や企業は重要な役割を果たす。各国において気候保護に対する明確な政治意思が示され、必要な行政能力を高め、多様な主体が参加・協力する環境ガバナンスの形成が肝要である。また、こうした体制においても、多様なアクター間での不断の交渉や調整が不可欠である。パリレジームの下での新たなルールづくりもこれからである。

　第2に、統合的環境政策の政策理念として「持続可能な発展」が定着し、この発展はエコロジー的持続可能性、経済的持続可能性、社会的持続可能性という3側面の統合を志向している。そして、「バランスのとれた持続可能性」の議論を通じて、より具体的な環境政策の議論につなげる段階にある。この持続可能な発展への移行のための戦略に関して、「効率性戦略、首尾一貫性戦略、充分性の戦略」の必要性が議論されている。

第3に、統合的環境政策の理論として、1980年代半ばに、ベルリン学派と言われるベルリン自由大学環境政策研究所やベルリン科学センターなどの研究者たちによってエコロジー的近代化の議論が提起された。このエコロジー的近代化は、エコロジーと経済を、イノベーション（技術革新）を媒介にして統合する戦略である。さらに、これは新たな市場を創出する市場形成的戦略として提起され、技術革新とその普及には政府による政策的促進が不可欠である。環境先駆国による新たな環境適合技術（ソーラーパネルなど）の主導市場（リード市場）の創設が重要な意味を持っている。緑の主導市場が成立することにより、国際市場に普及させ得る技術の発展とそのさらなる改善のコストが賄われるのである。イノベーションは、環境負荷の軽減のための追加技術であるフィルター装置のようなエンド・オブ・パイプ（パイプの吸い口）技術（公害防止技術）とは異なり、技術の発展方向を変え、生産過程や製品のシステム的改革を行う技術である。

　このエコロジー的近代化がドイツ政治へ浸透した結果、ドイツの「赤と緑」の連立政権は、1998年の連立協定で、このエコロジー的近代化を「持続可能な、すなわち経済的業績能力のある、社会的に公正な、エコロジー適合的な発展」と定義している。

　統合的環境政策は、持続可能な発展への移行プロセスを進展させる諸政策であり、環境エネルギー政策、環境交通政策、環境農業政策として、動き出している。これは、産業社会のつくりかえの戦略であるが、政治・行政システムの改革が必要であり、グローバル化と分権化の視点が重要である。国際レベル、国レベル、自治体レベルにおいて重層的に環境政策が行われることにより、環境政策の実効性が確保され、相互に相乗効果をもたらす。政治レベル全体の行動容量が拡大するプラスサム・ゲームを志向する。

　第4に、統合的環境政策は、環境政策計画によりその枠組を形成してきている。ヨーロッパ連合は、1970年代から統合的環境政策に取り組んでいるが、1987年のヨーロッパ議定書と1993年のマーストリヒト条約により統合的環境政策が明記された。2001年に策定されたEUの「持続可能な発展のための戦略」は、2006年の改定を経て、2014年に「ヨーロッパ2020」へとその射程を拡大し

ている。

　ドイツは、2002年に「ドイツのための展望——持続可能な発展のための私たちの戦略」を策定し、2015年の国連の「持続可能な発展のためのアジェンダ2030」の採択を受けて、2017年により射程の広い新たな「ドイツの持続可能性の戦略」を策定した。ドイツの戦略では、持続可能性を実現するための移行プロセスの基準となるルールとして「持続可能性のマネージメントルール」を明確にしている。

　日本は、1994年に環境基本計画を策定し、2012年まで6年毎に3度の改定を行っている。日本の場合は、政策分野間の統合は不十分であり、環境関連に限定された「総合的環境指標」にとどまっている。

　第5に、環境ガバナンスの主要な要素は、目標志向・結果志向のガバナンス、統合的環境政策、多様な主体による協力ガバナンス、重層的ガバナンスである。環境ガバナンスは、持続可能な発展への移行プロセスのマネージメントに焦点を当てている。その枠組や体制は、持続可能性の戦略や環境計画によって作られている。持続可能な発展への移行プロセスにおいては、持続可能性目標を明確にし、持続可能性指標の実践的な研究開発が不可欠である。国レベルと共に、自治体レベルにおける持続可能性目標・指標システムの開発が重要である。自治体レベルにおいては、とりわけ市民参加型の仕組みが試みられている。

　第6に、ドイツにおける統合的環境政策から環境ガバナンスの形成を歴史的にたどると、ドイツは、すでに1970年代から統合的環境政策と環境計画を試みてきたが、容易なことではなく、1970年代末には禁止と基準設定による法的規制アプローチに転換し、質的な中期・長期目標の設定から詳細な技術的規定に基づく排出規制に替わった。こうした経験から、新たな「持続可能な発展のための戦略」という環境政策計画を策定することは遅れた。しかし、かつての環境省による水平的政策統合による「否定的な調整」の失敗を経て、「持続可能な発展のための戦略」では、首相府のもとにグリーン・キャビネットの設置、各省による法案に関する持続可能性検証を行う垂直的政策統合が目指されている。さらに、協力ガバナンスの観点から、多様な参加が行われ、多様な市民社

会組織や企業が参加をすることが重視されている。

また、ドイツの環境ガバナンスにおいては、持続可能性の戦略のための制度配置が明確になされており、独立性の高い環境問題専門家委員会を初めとして、政策専門家が重要な役割を果たしている。

第7に、統合的環境政策の再先端として、エネルギー政策と環境政策の統合が動き出している。環境ガバナンスの体制が形成され、持続可能性目標・指標が明確にされたことにより、ドイツにおいては、経済生産の上昇とエネルギー消費の増大との切り離しが行われ、成果を上げている。ドイツのエネルギー転換は順調に進行しており、政権によるトップダウン・アプローチと市民主導、地域・自治体主導のボトムアップ・アプローチの両輪が効果的に組み合わされ、成果を挙げている。日本におけるエネルギー政策の転換の課題は、電力システム改革、エネルギー基本計画の策定など多くある。他方、市民主導、地域・自治体主導のエネルギー政策の転換の動きは始まっている。地域での小規模・地域分散型エネルギー供給システムの開発を進めることにより、エネルギー転換のための次なる政治的決定につながるであろう。

このように、50年の歴史を経て、持続可能な発展への移行プロセスの体制である環境ガバナンスの体制が形成されている。環境ガバナンスの体制が必要であるのは、既存の行政や組織の「慣行や慣性」を打ち破るためであるが、容易な道ではない。ドイツのように、「持続可能な発展のための戦略」の下でマネージメントのための制度配置をある程度整備しても、まだなお紛争と緊張のプロセスを積み重ねることを要するであろう。環境ガバナンスの中核である統合的環境政策は、エネルギー政策と環境政策の統合、交通政策と環境政策の統合、農業政策と環境政策の統合などの分野で始動している。しかし、エネルギー環境政策においても、より早期の脱石炭火力の政治的決定は容易ではない。

地球レベル、国レベル、自治体レベルにおける重層的な環境ガバナンスの形成が行われ、とりわけ市民の生活の場である自治体レベルで市民参加により新たな政策開発が試みられることが肝要である。

文献目録

青木聡子（2013）『ドイツにおける原子力施設反対運動の展開』ミネルヴァ書房
浅野耕太編（2009）『自然資本の保全と評価』ミネルヴァ書房
アースデイ『アースデイはじめての方へ——アースデイ概略（1970～2000）』（http://www.earthday.jp/record/item.php?itemid＝1, 2017.05.01アクセス）（アースデイ記録集の復刻掲載）
足立幸男編（2009）『持続可能な未来のための民主主義』ミネルヴァ書房
阿部泰隆・淡路剛久編（2006）『環境法　第3版補訂版』有斐閣
淡路剛久（2014）「総括」『環境法政策学会誌』第17号，3-10．
淡路剛久・川本隆史・植田和弘・長谷川公一編（2006）『リーディングス環境第4巻　法・経済・政策』有斐閣
——（2006）『リーディングス環境第5巻　持続可能な発展』有斐閣
イェニッケ，マルティン・ヴァイトナー，ヘルムート編（長尾伸一・長岡延孝監訳）（1998）『成功した環境政策——エコロジー的成長の条件』有斐閣
イェーニッケ，マルティン・シュラーズ，ミランダ・A・ヤコブ，クラウス・長尾伸一編（2012）『緑の産業革命——資源・エネルギー節約型成長への転換』昭和堂
石弘光（1999）『環境税とは何か』岩波書店
ヴァイツゼッカー，エルンスト・U・v．（須藤修・朴奎相訳）（1994）「なぜ、最初に『北』から行動しなければならないのか」山之内靖ほか編『グローバル・ネットワーク』岩波書店所収，285-299．
ヴァイトナー，ヘルムート（大久保規子訳）（2001）「ドイツの環境政策」『環境と公害』第30巻4号，2-9．
植田和弘（1996）『環境経済学』岩波書店
——（2013）『エネルギー原論』岩波書店
植田和弘編（2010）『持続可能な発展と環境ガバナンス』ミネルヴァ書房
植田和弘・森田恒幸編（2003）『岩波講座　環境経済・政策学第3巻　環境政策の基礎』岩波書店
臼井陽一郎（2013）『環境のEU、規範の政治』ナカニシヤ出版
宇都宮深志・田中充編（2008）『自治体環境行政の最前線』ぎょうせい
エネルギー・環境会議（2012）『国民的議論に関する検証会合の検討結果について』（http://www.cas.go.jp/jp/seisaku/npu/policy09/pdf/20120904/shiryo1-2.pdf, 2014.11.04アクセス）
大久保規子（2014）「環境基本法と参加原則」『環境法政策学会誌』第17号，29-50．
大島堅一（2011）『原発のコスト』岩波新書
大塚直（2010）『環境法　第3版』有斐閣
——（2014）「環境法の理念・原則と環境権」『環境法政策学会誌』第17号，11-28．
川崎健次・中口毅博・植田和弘編（2004）『環境マネジメントとまちづくり——参加とコミュ

ニティガバナンス』学芸出版社
環境エネルギー政策研究所（2014）『自然エネルギー白書2014』（http://www.isep.or.jp/images/library/JSR2014All.pdf, 2014.11.04アクセス）
環境エネルギー政策研究所・気候ネットワーク・世界自然保護基金ジャパン等（2013）『電気事業法改正案に関する市民意見書「電力システム改革を確実にすすめるために」』（http://www.kikonet.org/hakko/archive/others/teitanso.pdf, 2014.11.04アクセス）
環境経済・政策学会編（2006）『環境経済・政策研究の動向と展望』東洋経済新報社
環境自治体会議　環境政策研究所編（2003）『市民参加の環境管理政策――LAS-E とは何か』
環境自治体白書（2005）『環境自治体白書2005年版　環境自治体づくりの最前線』生活社
――（2006）『環境自治体白書2006年版　自治体施設のエネルギー消費調査』生活社
――（2007）『環境自治体白書2007年版　90・00・03年 CO2推計一挙公開』生活社
――（2008）『環境自治体白書2008年版　やってみよう！　自治体の CO2削減計画』生活社
――（2009）『環境自治体白書2009年版　「グリーン・ニューディール」で持続可能な社会をつくろう！』生活社
――（2010）『環境自治体白書2010年版　低炭素自治体への道標』生活社
――（2011）『環境自治体白書2011年版　震災を越えて――自治体の再出発』生活社
環境省編（1994）『環境基本計画』（第 1 次計画）
――（2000）『環境基本計画――環境の世紀への道しるべ』（第 2 次計画）ぎょうせい
――（2006）『環境基本計画――環境から拓く新たなゆたかさへの道』（閣議決定第 3 次計画）
――（2012）『第四次環境基本計画』（https://www.env.go.jp/policy/kihon_keikaku/plan/plan_4.html, 2017.07.27アクセス）
――（2016）『平成28年版　環境・循環型社会・生物多様性白書』（http://www.env.go.jp/policy/hakusyo/h28/pdf.html, 2017.07.17アクセス）
――（2017）『平成28年版　環境・循環型社会・生物多様性白書』（http://www.env.go.jp/policy/hakusyo/h29/pdf.html, 2017.07.17アクセス）
環境庁・外務省・「エネルギーと環境」編集部（1997）『アジェンダ21実施計画97』エネルギージャーナル社
環境庁企画調整局（1997a）『環境政策と税制』ぎょうせい
――（1997b）『地球温暖化対策と税制』ぎょうせい
環境法政策学会（2004）『総括　環境基本法の10年』商事法務
――（2014）『環境基本法制定20周年――環境法の過去・現在・未来』商事法務
気候ネットワーク編（2005）『地球温暖化防止の市民戦略』中央法規
喜多川進（2015）『環境政策史論――ドイツ容器包装廃棄物政策の展開』勁草書房
北村喜宣（2014）「環境行政組織――対等な統治主体同士のベストミックスの検討」『環境法政策学会誌』第17号，68-84．
――（2015）『自治体環境行政法　第 7 版』第一法規
――（2017）『環境法　第 4 版』弘文堂
倉阪秀史（2006）『環境と経済を再考する』ナカニシヤ出版
倉阪秀史編（2012）『地域主導のエネルギー革命』本の泉社
経済協力開発機構（OECD）編（天野明弘監訳・環境省環境関連税制研究会訳）（2002）『環境

関連税制』有斐閣
──（環境省環境関連税制研究会訳）（2006）『環境税の政治経済学』中央法規
経産省（2014）『エネルギー基本計画』
研究フォーラム（2012）『市民参加ですすめる再生可能エネルギーへの転換──足るを知る社会へ』（2012年11月27日）
原子力市民委員会（2014）『これならできる原発ゼロ！　市民がつくった脱原発原子力政策大綱』宝島社
河野啓・政木みき（2014）「震災3年　『防災とエネルギー』調査──国民と被災者の意識を探る」『放送と調査』APRIL, 2-29.
河野啓・仲秋洋・原美和子（2016）「震災5年　『国民と被災地の意識』──防災とエネルギーに関する世論調査・2015」『放送研究と調査』May, 28-70.
国際開発問題独立委員会（ブラント委員会）（森治樹監訳）（1980）『南と北──生存のための戦略　ブラント委員会報告』日本経済新聞社
コスト等検証委員会（2011）『各省のポテンシャル調査の相違点の電源別整理』（http://www.cas.go.jp/jp/seisaku/npu/policy09/pdf/20111221/hokoku_sankou3.pdf, 2014.11.04アクセス）
佐和隆光（1997）『地球温暖化を防ぐ』岩波新書
自治労政治政策局（1993）『環境自治体づくりの展開』
自治労・環境自治体プロジェクト編（1994）『環境自治体実践ガイド』学陽書房
島村健（2014）「環境基本法における手法に関する定めについて」『環境法政策学会誌17号, 51-67.
シュミット＝ブレーク, フリードリッヒ（佐々木健訳）（1997）『ファクター10──エコ効率革命を実現する』シュプリンガー・フェアラーク東京
シュラーズ, ミランダ・A.（2011）『ドイツは脱原発を選んだ』岩波書店
須田春海・田中充・熊本一規編著（1992）『環境自治体の創造』学陽書房
生活クラブ連合会（2017）『生活と自治』No.579
全日本自治団体労働組合（自治労）（2007a）『わたしのまちのエコチェック2007　〜自治体環境診断』
──（2007b）『わたしのまちのエコチェック2007　〜自治体環境診断〜　集約結果報告書』
高田光雄編（2009）『持続可能な都市・地域デザイン』ミネルヴァ書房
高村ゆかり（2016）「パリ協定で何が決まったのか──その評価と課題」『環境と公害』第45巻4号, 33-38.
田口理穂（2012）『市民がつくった電力会社──ドイツ・シェーナウの草の根エネルギー革命』大月書店
田中充（1994）『川崎市の環境基本条例に学ぶ』コープ出版
田中充・中口毅博・川崎健次（2002）『環境自治体づくりの戦略──環境マネジメントの理論と実践』ぎょうせい
地球環境経済研究会編（1991）『日本の公害経験──環境に配慮しない経済の不経済』合同出版
千葉大学倉阪研究室＋認定NPO法人環境エネルギー研究所（2017）『永続地帯2016年度版報

告書』（http://www.isep.or.jp/archives/library/10172, 2017.07.27アクセス）
千葉大学公共研究センター・環境エネルギー研究所（2012）『永続地帯2012年版レポート』（http://sustainable-zone.org/docs/Sustainable_Zone_Report_2012.pdf., 2013.04.27アクセス）
坪郷實（1993）「EC政治とドイツ政治の接合」日本政治学会編『EC統合とヨーロッパ政治　年報政治学1993年』岩波書店所収, 48-59.
―――（1994）「地球環境時代の統合的環境政策―――レイバーポリティクスとエコポリティクスの交錯」『法学雑誌』（大阪市立大学）第40巻4号, 703-726.
―――（1996）「環境問題をめぐる諸相」田中浩編『現代思想とはなにか―――近・現代350年を検証する』龍星出版所収, 233-249.
―――（1998）「ドイツ環境政策の30年」『歴史学研究』第716号（1998年度大会報告集）, 136-142.
―――（2000）「循環型経済社会への転換を」山口定・神野直彦編（2000）所収, 306-328.
―――（2002）「シュレーダー政権とドイツの内政状況」『国際問題』年8月号№. 509, 18-32.
―――（2003a）「福祉国家と環境問題」斉藤純一編『福祉国家／社会的連帯の理由』ミネルヴァ書房所収, 119-151.
―――（2003b）「公共政策における合意形成の一動向―――ヨーロッパ・ドイツの事例をもとに」『月刊　自治研』6月号, 525号, 20-27.
―――（2004）「ドイツ・シュレーダー連立政権を見る視点」『政策科学』（立命館大学政策科学部）第11巻3号所収, 53-67.
―――（2005）「ドイツ連邦議会選挙と大連立政権への道」『生活経済政策』第107号, 12月号, 18-23.
―――（2006a）「ドイツ総選挙とメルケル大連立政権のゆくえ」『自治総研』第327号, 1月号, 59-76.
―――（2007）『ドイツの市民自治体―――市民社会を強くする方法』（CIVICS 市民政治4）生活社
―――（2008）「グローバル・ガヴァナンスとヨーロッパ・ガヴァナンス―――政治学から」『社会学評論』（東北社会学会）第37号
―――（2009a）『環境政策の政治学―――ドイツと日本』早稲田大学出版部
―――（2009b）「環境ガバナンスと政策づくり―――環境目標と環境指標を中心に」足立（2009）所収, 127-146.
―――（2011）「ドイツにおける環境ガバナンスと統合的環境政策」長峯（2011）所収, 214-238.
―――（2013a）『脱原発とエネルギー政策の転換―――ドイツの事例から』明石書店
―――（2013b）「ドイツの選択―――『原発』に関する倫理的立場をめぐって」『社会運動』第404号, 49-53.
―――（2015a）「戦後ドイツにおけるエコロジーと近代化」『ゲシヒテ』第7号, 35-42.
坪郷實編（2006b）『参加ガバナンス―――社会と組織の運営革新』日本評論社
―――（2015b）『福祉＋α　ソーシャル・キャピタル』ミネルヴァ書房
都留重人（1994）「『成長』ではなく,『労働の人間化』を！」『世界』4月号, 84-98.

デイリー, ハーマン／聞き手：枝廣淳子（2004）『「定常経済」は可能だ！』岩波書店
デイリー, ハーマン・E.（新田功・藏本忍・大森正之訳）（2005）『持続可能な発展の経済学』みすず書房
デイリー, ハーマン・E.・ファーレイ, ジョシュア（佐藤正弘訳）（2014）『エコロジー経済学——原理と応用』エヌティティ出版
寺西俊一・細田衛士編（2003）『岩波講座　環境経済・政策学第5巻　環境保全への政策統合』岩波書店
電力システム改革専門委員会（2013）『電力システム改革専門委員会報告書』（http://www.meti.go.jp/committee/sougouenergy/sougou/denryoku_system_kaikaku/pdf/report_002_01.pdf, 2014.11.04アクセス）
豊田陽介（2017）『市民・地域共同発電所全国調査報告書2016』
長岡延孝（2014）『「緑の成長」と社会的ガバナンス——北欧と日本における地域・企業の挑戦』ミネルヴァ書房
中口毅博（2004）「指標が拓く持続可能な地域づくり」『月刊自治研』第46巻540号, 50-58.
中口毅博編・環境自治体会議環境政策研究所監修（2007）『LAS-Eによる環境マネジメントシステム構築ガイド——市民監査による環境自治体づくり』生活社
中口毅博＋環境自治体会議環境政策研究所（2012）『環境自治体白書　2012-2014年版　検証・環境自治体の20年』生活社
——（2013）『環境自治体白書　2013-2014年版　環境自治体から持続可能な自治体へ』生活社
——（2015）『環境自治体白書　2014-2015年版　住民力・地域力を活かした持続可能な自治体づくり』生活社
——（2016）『環境自治体白書　2015-2016年版　住宅都市からの挑戦』生活社
——（2017）『環境自治体白書　2016-2017年版　外の力を活用した持続可能な地域づくり』生活社
長峯純一編（2011）『比較環境ガバナンス——政策形成と制度改革の方向性』ミネルヴァ書房
新澤秀則編（2010）『温暖化防止のガバナンス』ミネルヴァ書房
新澤秀則・森俊介編（2015）『エネルギー転換をどう進めるか』岩波書店
平田仁子（2016a）「パリ協定における排出制約が石炭火力発電に与える影響」『環境経済・政策研究』第9巻1号, 85-89.
——（2016b）「日本の石炭火力発電の動向と政策」『環境と公害』第46巻1号, 29-34.
平田仁子編（2012）『原発も温暖化もない未来を創る』コモンズ
ブルックマン, ジェブ（菊地可納子訳）（1993）『ローカル・アジェンダ・21をめざして』全日本自治団体労働組合政策局（自治労）、アースデイ・1990⇔2000・日本・東京連絡所
細田衛士・室田武編（2003）『岩波講座　環境経済・政策学第7巻　循環型社会の制度と政策』岩波書店
松下和夫（2002）『環境ガバナンス』岩波書店
——（2007a）『環境政策学のすすめ』丸善
松下和夫編（2007b）『環境ガバナンス論』京都大学出版会
丸山康司（2014）『再生可能エネルギーの社会化——社会的受容性から問いなおす』有斐閣
宮本憲一（1989）『環境経済学』岩波書店

―――（2000）「『環境の世紀』を求めて」『世界』2月号，209-222.
―――（2014）『戦後日本公害史論』岩波書店
室田武編（2009）『グローバル時代のローカル・コモンズ』ミネルヴァ書房
メドウズ，ドネラ・H.・メドウズ，デニス・L.・ラーンダズ，ジャーガン・ペアランズ三世，ウィリアム・L.（大来佐武郎監訳）（1972）『成長の限界――ローマ・クラブ「人類の危機」レポート』ダイヤモンド社
森晶寿編（2009）『東アジアの経済発展と環境政策』ミネルヴァ書房
―――（2013）『環境政策統合――日欧政策決定過程の改革と交通部門の実践』ミネルヴァ書房
諸富徹（2000）『環境税の理論と実際』有斐閣
―――（2003）『思考のフロンティア　環境』岩波書店
―――（2015a）『「エネルギー自治」で地域再生！　飯田モデルに学ぶ』岩波書店
諸富徹編（2009）『環境政策のポリシーミックス』ミネルヴァ書房
―――（2015b）『電力システム改革と再生可能エネルギー』日本評論社
―――（2015c）『再生可能エネルギーと地域再生』日本評論社
諸富徹・鮎川ゆかり編（2007）『脱炭素社会と排出量取引』日本評論社
山口定・神野直彦編（2000）『2025年　日本の構想』岩波書店
山本吉宣（2008）『国際レジームとガバナンス』有斐閣
ユーケッター，フランク（服部伸・藤原辰史・佐藤温子・岡内一樹訳）（2014）『ドイツ環境史――エコロジー時代への途上で』昭和堂
吉田文和（2015）『ドイツの挑戦――エネルギー大転換の日独比較』日本評論社
REN21環境エネルギー政策研究所訳（2012）『世界自然エネルギー未来白書2012』（http://ren21.net/Portals/0/documents/Resources/GSR2012jp.pdf, 2014.11.04アクセス）
ワイツゼッカー，エルンスト・U.・フォン・ロビンス，エイモリー・B.・ロビンス，L.・ハンター（佐々木建訳）（1998）『ファクター4――豊かさを2倍に，資源消費を半分に』省エネルギーセンター
和田武・豊田陽介・田浦健朗・伊藤真吾編（2014）『市民・地域共同発電所のつくり方――みんなが主役の自然エネルギー普及』かもがわ出版

Aden, Hartmut (2012) *Umweltpolitik*, Wiesbaden: VS Verlag.
AEE (Agentur für Erneuerbare Energie) (2013) Energiegenossenschaften gewinnen an Bedeutung, in: Renews Kompakt, 02.09.2013. (http://www.unendlich-viel-energie.de/media/image/4345.AEE_RenewsKompakt_16.jpg, 2014.11.04アクセス)
――― (2014) Großteil der Erneubaren Energien kommt aus Bürgerhand in: Renews Kompakt, 29.01.2014. (http://www.unendlich-viel-energie.de/media/image/4429.titelbild_rk_buergerenergie.jpg, 2014.11.04アクセス)
AGEB (AG Energiebilanz e.V.) (2017) *Energievergrauch in Deutschland im Jahr 2016*. (http://www.ag-energiebilanzen.de/, ageb_jahresbericht2016_20170301_interaktive_dt, 2017.07.27アクセス)
Agenda-Transfer (2003) *Gemeinsam empfohlene Indikatoren zur kommunalen Nachhaltigkeit*, Juli 2003. (http://www.agenda-transfer.net/agenda-service/admin/down

load/indikatoren-neu.pdf）

Altmann, Jörg（1997）*Umweltpolitik. Daten, Fakten und Konzepten für die Praxis*, Stuttgart: UTB.

Bachmann, Günther（2002）„Nachhaltigkeit: Politik mit gesellschaftlicher Perspektive,＂ in: *Aus Politik und Zeitgeschichte*, 52. Jahrgang, B 31-32/2002, 8-16.

Bauchmüller, Michael（2014）„Schönen Gruß aus der Zukunft,＂ in: *Aus Politik und Zeitgeschichte*, 64. Jahrgang, B 31-32/2014, 3-6.

Beck, Ulrich（1986）*Risikogesellschaft, Auf dem Weg in eine andere Moderne*, Frankfurt am Main: Suhrkamp.（ベック，ウルリヒ（東廉・伊藤美登利訳）（1998）『危険社会——新しい近代への道』法政大学出版局）

Benz, Arthur and Papadopoulos, Yannis（Eds.）（2006）*Governance and Democracy*, London: Routladge.

Berger, Juliane, Günther, Dirk und Hain, Benno（2016）„Das Übereinkommen von Paris - ein wichtiger Wegweiser für eine lebenswerte Zukunft und einen Politikwandel in Deutschland,＂ in: *Zeitschrift für Umweltpolitik und Umweltrecht (ZfU)*, *Sonderausgabe der ZfU zur Parser UN-Klimakonferenz*, 39.Jg., 4-12.

Biermann, Frank und Simonis, Udo E.（1999）„Politikinnovation auf der globalen Ebene. Eine Weltorganisation für Umwelt und Entwicklung,＂ in: *Aus Politik und Zeitgeschichte*, B 48, 26. November, 3-11.

BMU（Bundesministerium für Umwelt）（2006a）*Die Umweltmacher. 20 Jahre BMU - Geschichte und Zukunft der Umweltpolitik*, Hamburg: Hoffmann und Camp.

—— （2006b）*20 Jahre Bundesumweltministerium. Leistung – Herausforderung – Perspektiven. Eine kritische Gratulation aus der Wissenschaft*（Jänicke, Martin unter Mitarbeit Kraemer, von R. Andreas und Weidner, Helmut）, Berlin.

—— （2011a）*Der Weg zur Energie der Zukunft - sicher, bezahlbar und umweltfreundlich.* （http://www.bmu.de/uebrige-seitem/der-weg-zur-zukunft-sicher-bezahlbar-umweltfreundlich/, 2012.09.01アクセス）

—— （2011b）*Das Energiekonzept und beschleunige Umsetzung.*（http://www.bmu.de/themen/klima-energie/energiewende/beschuluss-und-massnahmen/, 2012.09.01アクセス）

BMU und UBA（2000）*Umweltbewustsein in Deutschland 2000*, Berlin.

BMWiE（Bundesministerium für Wirtschaft und Energie）（2014）Zeitreihen zur Entwicklung der erneuerbaren Energien in Deutschland-1990-2013.（http://www.erneuerbare-energien.de/EE/Redaktion/DE/Downloads/zeitreihen-zur-entwicklung-der-erneuerbaren-energien-in-deutschland-1990-2013.pdf?_blob = publicationFile&v = 13, 2014.11.04アクセス）

—— （2016）*Erneubare Energien in Zahlen. Nationale und internationale Enywicklung im Jahr 2015.*（http://www.erneuerbare-energien.de/EE/Redaktion/DE/Downloads/erneuerbare-energien-in-zahlen-2015.html, 2017.07.27アクセス）

—— （2017）Zeitreihen zur Entwicklung der erneuerbaren Energien in Deutschland.（Stand: Februar 2017）（http://www.erneuerbare-energien.de/EE/Navigation/DE/Service/Erne

uerbare_Energien_in_Zahlen/Zeitreihen/zeitreihen.html, 2017.07.27アクセス)

Böcher, Michael und Töller, Annette Elisabeth (2012) *Umweltpolitik in Deutschland. Eine politikfeldanalytische Einführung*, Wiesbaden: Springer VS.

Bojanowski, Axel (2014) „Verwirrende Werbefloskel," in: *Aus Politik und Zeitgeschichte*, 64. Jahrgang, B 31-32/2014, 7-8.

Brandt, Karl-Werner (Hrsg.) (2002) *Politik der Nachhaltigkeit. Voraussetzungen, Probleme und Chancen. - eine kritische Diskussion*, Berlin: Sigma Edition.

Breuel, Birgit (Hrsg.) (1999) *Agenda 21. Vision: Nachhalige Entwicklung*, Frankfurt a. M.: Campus Verlag Die Buchreihe der EXPO 2000, Band 1.

Buck, Matthias, Kraemer, R. Andreas und Wilkinson, David (1999) Der „Cardif-Prozeß" zur Integration von Umweltschutzbelangen in andere Sektorpolitiken, in: *Aus Politik und Zeitgeschichte*, 49. Jahrgang, B 48, 26. November, 12-20.

BUND (Bund für Umwelt und Naturschutz Deutschland) und Misereor (Hrsg.) (1996) *Zukunftsfähiges Deutschland - Ein Beitrag zu einer global nachhaltigen Entwicklung*. Springer Basel AG.

BUND, Brot für die Welt und Evangelischer Entwicklungsdienst (Hrsg.) (2008) *Zukunftsfähiges Deutschland in einer globalisierten Welt*, Frankfurt a. M.: Fischer Taschenbuch Verlag.

Die Bundesregierung (2002) *Perspektiven für Deutschland. Unser Strategie für eine nachhaltige Entwicklung*. Berlin.

—— (2004) *Perspektiven für Deutschland. Unser Strategie für eine nachhaltige Entwicklung. Fortschrittsbericht 2004*, Berlin.

—— (2008) *Perspektiven für Deutschland. Unser Strategie für eine nachhaltige Entwicklung. Fortschrittsbericht 2008*, Berlin.

—— (2012) Nationale Nachhaltigkeitsstrategie. Fortschrittsbericht 2012, (https://www.bundesregierung.de/Content/DE/_Anlagen/Nachhaltigkeit-wiederhergestellt/2012-05-21-fortschrittsbericht-2012-barrierefrei.htm, 2017.07.27アクセス)

—— (2014) Jahresbericht der Bundesregierungzum Stand der Deutchen Einheit 2014. (http://www.beauftragte-neue-laender.de/BNL/Redaktion/DE/Downloads/Publikationen/Berichte/jahresbericht_de_2014.pdf?_blob = publicationFile&v = 15, 2014.11.04アクセス)

—— (2017) Deutsche Nachhaltigkeitsstrategie. Neuauflage 2016, (https://www.bundesregierung.de/Webs/Breg/DE/Themen/Nachhaltigkeitsstrategie/_node.html, 2017.07.27アクセス)

Die Bundesregierung und BDI (2000) *Vereinbarung zwischen der Regierung der Bundesrepublik Deutschland und der deutschen Wirtschaft zur Klimavorsorge. 9. November 2000.* (http: //www. bdi. eu/download_content/KlimaUndUmwelt/05_VereinbarungBregund_DtWirt_20009090.doc, 2009.12.01.アクセス)

Charta von Aalborg (1994) Charta der Europäischen Städte und Gemeinden auf dem Weg zur Zukunftbeständigkeit. Verabschiedet auf der Europäischen Konferenz Zukunftsbeständiger Städte und Gemeinden (24.-27.Mai 1994 in Aalborg).

CDU, CSU und FDP (2009) *Wachstum. Bildung. Zusammenhalt. Der Koalitionsvertrag zuwischen CDU, CSU und FDP, 17 Ledislaturperiode, 2009.* (http://www.cdu.de/doc/pdfc/091026-koalitionsvertrag-cducsu-fdp.pdf., 2009.12.01アクセス)

CDU, CSU und SPD (2005) *Gemeinsam für Deutschland – mit Mut und Menschlichkeit, Loalitionsvertrag zwischen CDU, CSU und SPD,* 11.11.2005.

Deutsche Institut für Urbanistik (Difu) (2015) *Städte auf Kurs Nachhaltigkeit. Wie wir Wohnen, Mobilität und kommunale Finanzen zukunftsfähig gestaklten,* Berlin. (www. nachhaltigkeitsrat. de, 2017.07.27アクセス)

Die am Dialog "Nachhaltige Stadt" beteiligten Oberbürgermeisterinnen und Oberbürgermeistern (2015) *Strategische Eckpunkte. Für Nachhaltige Entwicklung in Kommunen,* Berlin. (www.nachhaltigkeitsrat. de, 2017.07.27アクセス)

DGRV (2016) *Energiegenossenschaften. Ergebnisse der DGRV-Jahresumfrage (zum 31.12. 2015)*. (https://www. dgrv. de/de/dienstleistungen/energiegenossenschaften/jahresumfrage.html, 2017.07.27アクセス)

Dryzek, John S. (2013) *The Politics of the Earth. Environmental Discourses,* Oxford: Oxford University Press. Third Edition (First Edition 1997).

Egle, Christoph und Zohlnhöfer, Reimut (Hrsg.) (2007) *Ende des rot-grünen Projektes. Eine Bilanz der Regierung Schröder 2002 – 2005,* Wiesbaden: VS Verlag.

Ethik-kommission (2011) *Deutschlands Energiewende - Ein Gemeinschaftswerke für die Zukunft. Ethik - Kommission Sichere Energieversorgung,* Berlin, den 30. Mai 2011. (http://www.bundesregierung.de/Content/DE/_Anlagen/2011/07/2011-07-28-abschulussbericht-ethikkommission.property = publicationFile.pdf, 2012.12.26アクセス)(安全なエネルギー供給に関する倫理委員会(吉田文和・シュラーズ，ミランダ編訳)(2013)『ドイツ脱原発倫理委員会報告——社会共同によるエネルギーシフトの道すじ』大月書店)

Ekardt, Felix und Wieding, Jutta (2016) „Rechtlicher Aussagegehalt des Paris-Abkommen - eine Analyse der einzelnen Artikel." in: *Zeitschrift für Umweltpolitik und Umweltrecht (ZfU), Sonderausgabe der ZfU zur Parser UN-Klimakonferenz,* 39.Jg., 36-57.

Europäische Rat (Göteborg) (2001) *Schulßfolgerungen des Vorsitzes, 15. und 16. Juni 2001,* 1-8. SN 200/1/01 REV 1, DE. (eugot_de.pdf.)

Europäische Union (EU) (2006) *Rat der Europäischen Union, 10917/06, kwo/CHA/gk, 1 DG, Anlage. Die erneuerte EU-Strategie für Nachhaltige Entwicklung.* (https://www. bmub. bund. de/themen/nachhaltigkeit-internationales/europa-und-umwelt/eu-nachhaltigkeitspolitik/, 2017.07.27アクセス)

European Commission (2010) Communication from the commission. Europe 2020. A strategy for smart, sustainable and inclusive growth, COM (2010) 2020 final. (https://www.eea.europa.eu/policy-documents/com-2010-2020-europe-2020, 2017.07.31アクセス)

Foljanty-Jost, Gesine (1995) *Ökonomie und Ökologie in Japan. Politik zwischen Wachstum und Umweltschutz,* Opladen: Leske + Budrich Verlag.

Fuhr, Harald und Hickmann, Thimas (2016) Transnationale Klimainitiativen und die internationalen Klimaverhandlungen, in: *Zeitschrift für Umweltpolitik und Umweltrecht*

(ZfU), Sonderausgabe der ZfU zur Parser UN-Klimakonferenz, 39.Jg., 88-94.

Gehrlein, Ulrich (2004) Nachhaltigkeitsindikatoren zur Steuerung kommunaler Entwicklung. Indikatoren und Nachhaltigkeit, Wiesbaden: VS Verlag.

Harnisch, Sebastian und Tosun, Jale (2016) „Die Klimavereinbarung von Paris: eine erste politikwissenschaftliche Analyse," in: *Zeitschrift für Umweltpolitik und Umweltrecht (ZfU), Sonderausgabe der ZfU zur Parser UN-Klimakonferenz*, 39.Jg., 72-87.

Hauff, Michael von (Hrsg.) (2014) *Nachhaltige Entwicklung. Aus der Perspektive verschiedener Disziplinen*, Baden-Baden: Nomos.

Hauff, Michael von und Klein, Alexandro (2009) *Nachhaltige Entwicklung. Grundlagen und Umsetzung*, München: Oldenbourg Wissenschaftsverlag.

Hauff, Michael von und Seitz, Nicola (2012) „Begründung und Realisierung eines Wachstums nach dem Leitbild nachhaltiger Entwicklung," in: *Jahrbuch 2012/2013. Nachhltige Ökonomie, Im Brennpunkt: Green Economy*, Marburg: Metropolis-Verlag, 177-198.

Heinelt, Hubert u. a. (2000) *Prozedurale Umweltpolitik der EU. Umweltverträglichkeitsprüfungen und Öko-Audits im Ländervergleich*, Opladen: Leske + Budrich Verlag.

Heinelt, Hubert und Mühlich, Eberhard (Hrsg.) (2000) *Lokale „Agenda 21" Prozesse. Erklärungsansätze, Konzepte und Ergebnisse*, Opladen: Leske + Budrich Verlag.

Heinelt, Hubert, Getimis, Panagitotis, Kafkalas, G., Smith, R. and Swyngedouw, E. (Eds.) (2002) *Participatory Governance in Mult-Lebel Context*, Opladen: Leske + Budrich Verlag.

Heinelt, Hubert, Malek, Tanja, Smith, Randall and Annette E. Töller (Eds.) (2001) *European Union, Environment Policy and New Forms of Governance. A Study of the Implementation of the Environmental Impact Assessment Directive and the Eco-Management and Audit Scheme Regulation in Three Member States*, Aldershot : Ashgate.

Hermann, Klaus (2000) „Die Lokale Agenda 21. Herausforderung für die Kommunalpolitik," in: *Aus Politik und Zeitgeschichte*, B 10-11, 3.März, 3-12.

Hermann, Winfried, Proschek, Eva und Reschl, Richard (Hrsg.) (2000) *Lokale Agenda 21 - Anstöße zur Zukunftsfähigkeit. Handreichung für eine reflektierte Handlungspraxis*, Stuttgart: Kohlhammer.

Hey, Christian (2009) „35 Jahre Gutachten des SRU - Rückschau und Ausblick," in: Koch und Hey (2009) 161-279.

Huber, Josef (1982) *Die verlorene Unschuld der Ökologie*, Frankfurt a. M.: S.Fischer Verlag.

—— (1985) *Die Regenbogen-Gesellschaft. Ökologie und Sozialpolitik*, Frankfurt a. M.: S. Fischer Verlag.

—— (1995) *Nachhaltige Entwicklung. Strategien für eine ökologische und soziyle Erdpolitik*, Berlin: Edition Sigma.

—— (2001) *Allgemeine Umweltsoziologie*, Wiesbaden: Westdeutscher Verlag.

Hünemörder, Kai F. (2004) Die Frühgeschichte der globalen Umweltkrise und die

Formierung der deutschen Umweltpolitik(1950-1973), Wiesbaden: Franz Steiner Verlag.

100ee (2016) 100% Erneubarenergie-Regionen. Oktober 2016. (http://www.100-ee.de/, 2014. 11.04アクセス)

Internationaler Rat für Kommunale Umweltinitiativen (ICLEI), Kuhn, Stefan, Gottfried Suchy, Gottfried und Zimmermann, Monika (Hrsg.) (1998) *Lokale Agenda 21 - Deutschland. Kommunale Strategien für eine zukunftsbseständige Entwicklung*, Berlin und Heidelberg: Springer - Verlag.

Jachenfuchs, Markus, Hey, Christian und Strübel, Michael (1993) „Umweltpolitik in der Europäische Gemeinschaft," in: Prittwitz, Volker (Hrsg.) (1993) *Umweltpolitik als Modernisierungsprozeß*, Opladen: VS Verlag, 137-162.

Jacob, Klaus, Biermann, Frank, Busch, Per-Olof und Feindt, Peter H.(Hrsg.) (2007) *Politik und Umwelt. PVS - Politische Vierteljahresschrift, Sonderheft 39/2007*, Wiesbaden: VS Verlag.

Jacob, Klaus, Volkey Axel (2007) „Nichts Neues unter der Sonne? Zwischen Ideensuche und Entscheidungsblockade - die Umweltpolitik der Bundesregierung Schröder 2002-2005," in: Egle und Zohlnhöfer (2007) 431-452.

Jacob, Klaus, Volkery, Axel and Lenschow, Andrea (2008) "Instruments for environmental polidy integration in 30 OECD countries", in: Jordan and Lenschow, (2008a), 24-45.

Jahrbuch Ökologie (1991), (1996-2016) Herausgeben von Günter Altner, Babara Mettler-von Meibom, Udo E. Simonis und Ernst U. von Weizsäcker. München 1992, 1997-2015.

Jänicke, Martin (1984) *Umweltpolitische Prävention als Ökologische Modernisierung und Strukturpolitik*. Wissenschaftzentrum Berlin, IIUG-paper 1984-1. (Jänicke, Martin, Preventive Environmental Policy as Ecological Modernisation and Structural Policy, Wissenschaftszentrum Berlin, IIUG-Paper 1985-2)

――― (1993) „Über ökologische und politische Modernisierungen," in: *Zeitschrift für Umweltpolitik und Umweltrecht*, 3/1993, 213-232.

――― (1998) „Umweltpolitik: Vom reaktiven zum strategischen Ansatz," in: Breit, Gotthard (Hrsg.) (1998) *Neue Wege in der Umweltpolitik*, Wochenschau Verlag, 7-23.

――― (2003) „Umweltpolitik," in: Andersen, Ube und Woyke, Wichard (Hrsg.) (2003) *Handwörterbuch des politischen Systems der Bundesrepublik Deutschland*, 5. Auflage. Leske + Budrich Verlag.

――― (2005) „Mehr Umweltstaat! Politikintegration unter Rot-Grüne," *Jahrbuch Ökologie 2006*, 46-56.

――― (2007) „ „Umweltstaat" - eine neue Basisfuntiokn des Regierens. Umweltintegration am Beispiel Deutschland," in: Jacob, Biermann, Busch und Feindt, (Hrsg.) (2007), 342-359.

――― (2012) *Megatrend Umweltinnovation. Zur ökologischen Modernisierung von Wirtschaft und Staat*, München: oekom Verlag, 2. Aktualisierte Auflage.

――― (2013) „Die deutsche Energiewende im Kontext internationaler Best Practice," in: Radtke und Hennig (2013) 77-106.

Jänicke, Martin and Jacob, Klaus (Eds.) (2007) *Environmental Governance in Global*

Perspective, Freie Unversität Berlin.

Jänicke, Martin, Kunig, Philip und Stitzel, Michael (2003) *Lehr- und Arbeitsbuch Umweltpolitik*, Bonn: Verlag Dietz J. H. W. Nachf. 2.Auflage.

Jänicke, Martin und Jörgens, Helge (2000) *Umweltplanung im internationalen Vergleich. Strategie der Nachhaltigkeit*, Berlin und Heidelberg: Springer-Verlag.

―― (2007) "New approaches to Environmental Governance", in: Jänicke and Jacob (2007) 167-209.

Jänicke, Martin, Jörgens, Helge, Jörgensen, Kirsten and Nordbeck, Ralf (2002) "Germany," in: OECD (2002) 113-153.

Jänicke, Martin und Volkery, Axel (2002) *Agenda 2002ff.. Perspektiven und Zielvorgaben nachhaltiger Entwicklung für die nächste Legislaturperiode. Kurzgutachten für die Friedrich-Ebert-Stiftung und die Heinrich. Böll-Stiftung*, Bonn.

Jänicke, Martin und Weidner, Helmut (1997) „Zum aktuellen Stand der Umweltpolitik im internationalen Vergleich - Tendenzen zu einer globalen Konvergenz?" in: *Aus Politik und Zeitgeschichte*, 47. Jahrgang. B 27/1997, 15-24.

Jänicke, Martin und Zieschank, Roland (2004) „ Zielbildung und Indikatoren der Umweltpolitik," in: Wieggering und Müller (2004) 39-62.

Jordan, Andrew, Wurzel, R. K. W. and Zito, A. R. (Eds.) (2003) "'New' Instruments of Environmental Governance?"*Environmental Politics*, Vol.12, No. 1, London.

Jordan, Andrew and Schout, Adrian (2006) *The Coordination of the European Union*, Oxford.

Jordan, Andrew and Lenschow, Andrea (Eds.) (2008a) *Innovation in Environmental Policy? Integrating the Environment for Sustainability*, Cheltenham: Edward Elgar Publishing.

Jordan, Andrew and Lenschow, Andrea (2008b) "Integrating the Environmental for Sustainable Development: an Introduction", in: Jordan and Lenschow (2008a) 3-23.

Kempert, Claudia (2014) Globale Energiewende: „Made in Germany"? in: *Aus Politik und Zeitgeschichte*, 66. Jahrgang, 12-13/2016, 9-15.

Koch, Hans-Joachim (2009) „Der SRU - 35 Jahre zwischen Wissenschaft und Politik", in: Koch und Hey (2009) 17-24.

Koch, Hans-Joachim und Hey, Christian (Hrsg.) (2009) *Zwischen Wissenschaft und Politik. 35 Jahre Gutachten des Sachverständigenrates für Umweltfragen*, Materialien zur Umweltforschung 38, Berlin: Erich Schmidt Verlag.

Lenschow, Andrea (Ed.) (2002) *Environmental Policy Integration*, London.

Mol, Arthur P.J. and Jänicke, Martin (2010) "The origins and theoretical foundations of ecological modernization theory," in: Mol, Arthur P. J., Sonnenfeld, David A. and Spaargaren, Gert (2010) *The Ecological Modernization Reader*, New York: Routledge.

Mori, Akihisa (2013) *Environmental Governance for Sustainable Development. East Asia Perspectives*, New York: United Nations University Press.

Müller, Edda (1995) *Innenpolitik der Umweltpolitik. Sozial-Liberale Umweltpolitik – (Ohne) Macht durch Organization ?* Opladen: Westdeutscher Verlag, 2.Auflage. (1986)

―――(1998)„25 Jahre Umweltbundesamt - Spuren in der Umweltpolitik. Ersterteil,"in: *Jahrbuch Ökologie 1999*, 207-224.

―――(1999)„25 Jahre Umweltbundesamt - Spuren in der Umweltpolitik. Zweiterteil," in: *Jahrbuch Ökologie 2000*, 199-220.

―――(2002)"Environmental Policy Integration as a Political Principle: The German and the Implications of European Policy," in: Lenschow (2002) 57-77.

Müller, Felix und Wiggering, Hubert (2004a) „Umweltziele als Grundlagen für die umweltpolitische Zielsetzung," in: Wiggering und Müller (2004) 19-28.

―――(2004b) „Erfahrungen und Entwicklungspotentiale von Ziel- und Indikatiorensystemen, " in: Wiggering und Müller (2004) 221-234.

Murota, Takeshi and Takeshita, Ken (2013) *Local Commons and Democratic Environmental Governance*, New York: United Nations University Press.

Oberbürgermeister Dialoges Nachhaltige Stadt (2017) *Position zur Oberbürgermeister Dialoges Nachhaltige Stadt vom 15. März 2017*. Berlin. (https://www.nachhaltigkeitsrat. de/thema/nachhaltige-entwicklung-in-stadt-und-land/、2017.12.18アクセス)

OECD (2002) *Five OECD case studies*, Paris.

―――(2003) *OECD Environmental Indicators. Development, measurement and use*. Reference paper. (http//: www.oecd.org/dataoecd/7/47/24993546.pdf, 2009.04. アクセス)

Pehle, Heinrich (1998) *Das Bundeministerium für Umwelt, Naturschutz und Reaktorsicherheit: ausgegrenzt statt integriert?* Wiesbaden: Dertscher Universitäts-Verlag.

―――(2009) „Umweltpolitik ohne Umweltgesetzbuch - ein Desaster für den Umweltschutz?" in: *Gesellschaft. Wirtschaft. Politik*, 3/2009, 329-336.

Proelß, Alexander (2016) „Klimaschutz im Völkerrecht nach dem Paris Agreement: Durchbruch oder Stillstand?" in: *Zeitschrift für Umweltpolitik und Umweltrecht (ZfU)*, Sonderausgabe der ZfU zur Parser UN-Klimakonferenz, 39.Jg., 58-71.

Pufé, Iris (2014a) *Nachhaltigkeit*. 2.Auflage. Konstanz: UVK.

―――(2014b) „Was ist Nachhaltigkeit? Dimensionen und Chancen, " in: *Aus Politik und Zeitgeschichte*, 64. Jahrgang, B 31-32/2014, 15-21.

Radkau, Joachim (2011) Die Ära der Ökologie. Eine Weltgeschichte. München: Verlag C.H. Beck.

―――(2012) „ Eine kurze Geschichte der deutschen Antiatomkraftbewegung, " in: Bundeszentrale für politische Bildung (Hrsg.) (2012) *Ende des Atomzeitalters? Von Fukushma in die Energiewende*, Bonn, 109-126. (ラートカウ,ヨアヒム (海老根剛・森田直子訳) (2012)『ドイツ反原発運動小史――原子力産業・核エネルギー・公共性』みすず書房所収, 10-40.)

Radkau, Joachim und Hahn, Lotar (2013) *Aufstieg und Fall der deutschen Atomwirtschaft*, München: oekom. (ラートカウ,ヨアヒム・ハーン,ロータル (山縣光晶・長谷川純・小澤彩羽訳) (2015)『原子力と人間の歴史――ドイツ原子力産業の興亡と自然エネルギー』築地書館)

Radtke, Jörg (2013) Bürgerenergie in Deutschland - ein Modelle für Partizipation? in: Radtke und Hennig (2013) 119-138.

Radtke, Jörg und Hennig, Bettina (Hrsg.) (2013) *Die deutsche „Energiewende" nach Fukushima. Der wissenschaftliche Diskurs zwischen Atomausstieg und Wachstumsdebatte*, Marburg: Metropolis Verlag.

Rat für nachhaltige Entwicklung (RNE) (2017) Der Deutsche Nachhaltigkeitkodex. Maßstab für nachhaltiges Wirtschaft. (https://www.nachhaltigkeitsrat.de/mediathek/?type =25, 2017.07.27アクセス)

Renn, Ortwin, Knaus, Anja und Kastenholz, Hans (1999) „Wege in eine nachhaltige Zukunft," in: Breuel (1999) 17-74.

REN21 (2014) *Renewables 2014. Global Status Report* (http://www.ren21.net/portals/0/documents/resources/gsr/2014/gsr2014_full%20report_low%20res.pdf, 2014.11.04アクセス)

―― (2017) *Renewable 2017. Global Status Report.* (http://www.ren21.net/status-of-renewables/global-status-report/, 2017.07.27アクセス)

Rucht, Dieter (2011) „Anti-Atomkraftbewegung," in: Roth, Roland und Rucht, Dieter (Hrsg.) *Die sozialen Bewegungen in Deutschland seit 1945. Ein Handbuch*, Frankfurt a. M.: Campus, 245-266.

Ruschkowski, Erick v. (2002) „Lokale Agenda 21 in Deutschland - eine Bilanz," in: *Aus Politik und Zeitgeschichte*, B 31-32, 2002, 17-24.

Sandhövel, Armin und Wiggering, Hubert (2004) „Allgemeine Anforderungen an Umweltziele," in: Wiggering und Müller (2004) 29-38.

Schmidt, Manfred G. (2007) "Umweltpolitik," in: Schmidt, M. G. (2007) *Das politische System der Bundesrepublik Deutschland*, Verlag C. H. Beck, 418-442.

Schreurs, Miranda A. (2002) *Environmental Politics in Japan, Germany, and the United States*, Cambridge. (ショアーズ,ミランダ・A.(長尾伸一・長岡延孝訳) (2007)『地球環境問題の比較政治学――日本・ドイツ・アメリカ』有斐閣)

Simonis, Udo Ernst (1996a) *Globale Umweltpolitik: Ansätze und Perspektiven*, Leipzig, Wien, Zürich: Biographisches Institut & F.A. Brockhaus.

―― (1996b) „Ökologische Umorientierung der Industriegesellschaft," in: *Aus Politik und Zeitgeschichte*, B 7/1996, 3-13.

―― (1999) „Globale Umweltprobleme lösen," in: Breuel (1999) 75-106.

―― (2013) „Energiewende auch in Japan? Zu den Chancen eines Exit aus der Atomenergie," in: Radtke und Hennig (2013) 107-118.

Simonis, Udo E. (Hrsg.) (1990) *Basiswissen Umweltpoltik. Ursachen, Wirkungen und Bekämpfung von Umweltproblemen*, 2. Auflage Berlin: Edition Sigma.

―― (1994) *Ökonomie und Ökologie. Auswege aus einem Konflikt*, 7. Aufl. (1985) Heidelberg: C. F. Müller.

―― (2003) *Öko-Lexikon*, München: Verlag C. H. Beck.

SPD und Die Bündnis 90 / Die Grünen (1998) *Aufbruch und Erneuerung - Deutschlands*

Weg ins 21. Jahrhundert. Koalitionsvereinbarung zwischen der SPD und Die Bündnis 90 / Die Grünen, Bonn, 20. Oktober. (https://www.spd.de/partei/beschluesse/, 2017.07.27アクセス)
—— (2002) *Koalitionsvertrag 2002-2006: Erneuerung – Gerechtigkeit – Nachhaltigkeit. Für ein wirtschfaftlich starkes, soziales und ökologisches Deutschland. Für eine lebengige Demokratie.* (https://www.spd.de/partei/beschluesse/, 2017.07.27アクセス)
SRU (Der Rat von Sachverständigen für Umweltfragen) (1994) *Umweltgutachten 1994*, Stuttgart: Verlag Metzler-Poeschel.
—— (1996) *Umweltgutacgten 1996. Zur Umsetzung einer dauerhaft-umweltgerechten Entwicklung*, Stuttgart: Verlag Metzler-Poeschel.
—— (1998) *Umweltgutachten 1998. Umweltschutz – Erreichtes sichern, neue Wege gehen*, Stuttgart: Verlag Metzler-Poeschel.
—— (2000) *Umweltgutachten 2000. Schritte ins nächste Jahrtausend*, Stuttgart: Verlag Metzler-Poeschel.
—— (2002) *Umweltgutachten 2002. Für eine neue Vorreiterrolle*, Stuttgart: Verlag Metzler-Poeschel.
—— (2004) *Umweltgutachten 2004. Umweltpolitische Handlungsfähigkeit sichern*, Baden-Baden: Nomos Verlaggesell Schaft.
—— (2007) *Umweltverwaltungen unter Reformdruck. Sondergutachten*, Berlin: Erich Schmidt Verlag.
—— (2008) *Umweltgutachten 2008. Umweltschutz im Zeichen des Klimawandels*, Berlin: Erich Schmidt Verlag.
—— (2011) *Weg zur 100% erneubaren Stromversorgung. Sondergutachten*. Berlin: Erich Schmidt Verlag.
—— (2012) *Umweltgutachten 2012. Verantwortung in einer begrenzten Welt*, Berlin: Erich Schmidt Verlag.
—— (2016) *Umweltgutachten 2016. Impluse für eine integrative Umweltpolitik*, Berlin: Erich Schmidt Verlag.
Statistische Bundesamt (2008) *Nachhaltigr Entwicklung in Deutschland. Indikatorenbericht 2008.* (http://www.destatis.de/)
—— (2014) *Nachhaltigr Entwicklung in Deutschland. Indikatorenbericht 2014.* (http://www.destatis.de/)
Steurer, Reinhard (2001) „Paradigmen der Nachhaltigkeit," in: *Zeitschrift für Umweltpolitik und Umweltrecht (ZfU)* , 4/2001, 537–566.
—— (2002) *Der Wachstumsdiskurs in Wissenschaft und Poltik. Von der Wachstumseuphorieüber „Grenzen des Wachstums" zur Nachhaltigkeit*, Berlin: Verlag für Wissenschaft und Forschung.
—— (2010) „Sustainable Development as a Governance Reform Agenda: Principles and Challenges, " in: Steurer und Trattnigg (2010) 33–52.
Steurer, Reinhard und Trattnigg, Rina (2010) *Nachhaltigkeit regieren. Ein Bilanz zu*

Governance-Prinzipien und -Praktiken, München: oekom.
Sturm, Roland und Pehle, Heinrich (Hrsg.) (2006) *Wege aus der Krise?* Opladen & Farmington Hills: Verlag Barbara Budrich.
Tews, Kerdtin und Martin Jänicke (Hrsg.) (2005) *Die Diffusion umweltpolitischer Innovationen im internationalen System*, Wiesbaden: VS Verlag.
Tsubogo, Minoru (2014) "Environmental Governance Strategies and Transition to a Sustainable Society: Integration of Environmental and Energy Policies in Germany and Japan," in: Ueta and Adachi (2014) 81-104.
Uekötter, Frank (2014) Faus auf schwankendem Boden: Begriffsgeschichte, in: *Aus Politik und Zeitgeschichte*, 64. Jahrgang, B 31-32/2014, 9-15.
―― (2016) Utopie ohne Ökonomie: Aufstieg und Niedergang der Atomkraft, in: *Aus Politik und Zeitgeschichte*, 66. Jahrgang, B 12-13/2016, 11-16.
Ueta, Kazuhiro and Adachi, Yukio (2014) *Transition Management for Sustainable Development*, Tokyo, New York and Paris: United Nations University Press.
Umelt-Kernindikatorensystem des Umweltbundesamtes (KIS). (http://www.umweltbundesamt-umwelt-deutschland.de/umweltdaten/, 2008.12.23アクセス)
UNFCCC (United Nations Framework Convention on Climate Change) (2016) *Side Event Applications Andallocation per Year (all sessions)*. (http://unfccc.int/parties_and_observers/observer_organizations/items/10074.php, 2017.06.30アクセス)
Weizsäcker, Ernst Ulrich von (1994) *Erdpolitik - Ökologische Realpolitik an der Schwelle zum Jahrhundert der Umwelt*, 4, Auflage., Darmstadt: Wissenschaftliche Buchgesellschaft. (ワイツゼッカー，エルンスト・U.・フォン（宮本憲一・楠田貢典・佐々木建監訳）(1994)『地球環境政策――地球サミットから環境の21世紀へ』有斐閣)
Wewer, Göttrik (Hrsg.) (1998) *Bilanz der Kohl. Christlich-liberale Politik in Deutschland 1982-1998. Ein Sonderband der Zeitschrift Gegenwartskunde*, Opladen: Leske + Budrich Verlag.
Wiggering, Hubert und Müller, Felix (Hrsg.) (2004) *Umweltziele und Indikatoren. Wissenschaftliche Anforderungen an ihre Festlegung und Fallbeispiele*, Berlin, Heidelberg und New York: Springer-Verlag.
Wolf, Henrike (2005) *Partizipation und Lokale Agenda 21. Ein interkommunaler Vergleich aus organisationssoziologischer Perspektive*, Marburg: Tectum Verlag.
World Commission on Environment and Development (1987) *Our common future*, Oxford: Oxfrd University Press.（環境と開発に関する世界委員会・監修大来佐武郎(1987)『地球の未来をまもるために』福武書店）
Wurzel, Rüdiger K. W. (2002) *Environmental Policy-making in Britain, Germany and the European Union. The Europeanisation of Air and Water Pollution Control*. Manchester: Manchester University Press.
―― (2008) "Germany"in: Jordan and Lenschow (2008a) 180-201.
Zimmermann, Monika (1997) „Lokale Agenda 21. Ein kommunaler Aktionsplan für die zukunftsbeständige Entwicklung der Kommune im 21. Jahrhundert," in: *Aus Politik und*

Zeitgeschichte, 47. Jahrgang. B 27/1997, 25-38.

あ と が き

　最初に簡単ながら、本書の成り立ちについて述べたい。本書は、『環境政策の政治学——ドイツと日本』（2009年、早稲田大学出版部）の続編になるものである。特に同書の第1章「統合的環境政策の構図」を大幅に再編し、その後執筆した以下の論文を同様に再編加筆し、各章に再構成したものである。前著のドイツ環境政策の歴史に関する第2章「ドイツの環境政策の歴史——ブラント政権からコール政権まで」、第3章「エコロジー的近代化としての環境政策——赤と緑の連立政権の意義」の2つの章と、第4章「自治体における統合的環境政策——ローカル・アジェンダ21と環境自治体」の大部分は収録していないので、前著を参照されたい。

　　「環境ガバナンスと政策づくり——環境目標と環境指標を中心に」足立幸男編『持続
　　　可能な未来のための民主主義』ミネルヴァ書房、2009年所収
　　「ドイツにおける環境ガバナンスと統合的環境政策」長峯純一編『比較環境ガバナン
　　　ス』ミネルヴァ書房、2011年所収
　　「戦後ドイツにおけるエコロジーと近代化」『ゲシヒテ』第7号（2015年）所収

　なお、第1章は、新たに執筆し、第7章は、『脱原発とエネルギー政策の転換——ドイツの事例から』明石書店、2013年、「ドイツの選択——『原発』に関する倫理的立場をめぐって」『社会運動』第404号所収などを基にして、再編加筆したものである。
　本書を刊行するにあたって、早稲田大学出版部とミネルヴァ書房からご了解をいただいたことに感謝申し上げる。
　以下の論文も関連して執筆したものであるので参照されたい。

"Environmental Governance Strategies and Transition to a Sustainable Society: Integration of Environmenatl and Energy policies in Germany and Japan," in: Ueta, Kazuhiro and Adachi, Yukio (2014) *Transition Management for Sustainable Development*, New York and Paris: United Nations University Press, 81-104.

ところで、1994年度から2017年度まで24年間、早稲田大学社会科学部での講義「環境社会論」、「EU 地域研究」、及び大学院社会科学研究科での講義「EU 地域研究」、「環境社会論」、後に「EU 地域研究・比較環境政治」において、比較政治学の観点から、環境政策と環境ガバナンスに関する問題を取り上げて論じてきた。関連して、大学院の福祉社会・政策デザイン分野の合同研究指導のために開催された定例研究会で、岡澤憲芙さん、久塚純一さん、篠田徹さん、早田宰さん、土門晃二さん、参加した院生の皆さんから多くの刺激をいただいたことに感謝申し上げる。

　また2014〜2015年にかけて１年間、ドイツのハレ・アン・デア・ザーレ市にあるマーティン・ルター大学ハレ＝ヴィッテンベルク日本学研究所に研究滞在をすることができた。この研究滞在中を初めとして、毎年、ドイツと日本において研究交流をさせていただいているゲジーネ・フォリヤンティ＝ヨースト教授に感謝したい。2016年８〜９月と2017年９月のドイツ連邦議会選挙に際して、「ドイツのエネルギー転換」に関してヒアリング調査を実施した。このヒアリングは、マイク・ヘンドリック・スプロッテ博士の尽力によって実現した。記して感謝したい。マイクさんは、日独の政治の動向について、いつも良き話し相手である。本書はこうした教育研究活動の成果の一部である。

　前著を発刊した時に筆者が参加をしていた植田和弘さんを代表者とする文部省科学研究費補助金（JSPS）特定領域研究『持続可能な発展の重層的環境ガバナンス』（2006〜12年）に参加する多くのメンバーから、また研究活動や国際会議から多くのことを学ぶことができた。同研究プジェクトでは、筆者は足立幸男さんを代表者とする「環境ガバナンスを支える民主主義の理念と制度」班に属していた。さらに、第７章は、JSPS26380189「エネルギー転換のドイツ・モデルと日本におけるエネルギー政策転換のための事例研究」（2014〜16年）の成果の一部であり、第１章は JSPS17K03564「リアル市民社会とデモクラシーの関係性に関するドイツと日本の比較事例研究」（2017〜19年）の成果の一部である。

　JSPS26380189とJSPS17K03564の助成により、日本のエネルギー政策転換のヒアリング調査（2016〜2017年）を実施した。道志村地域おこし隊・NPO 法人道志・森づくりネットワーク大野航輔さん、長野県環境部環境エネルギー課田

あとがき

　中信一郎さん、横浜市水道局上水部水源林管理所（山梨県道志村）平賀恵春さん、せたがや市民合同会社山木きょう子さん、NPO法人足元から地球温暖化を考える市民ネットかどがわ（足温ネット）奈良由貴さん、山崎求博さん、柳澤一郎さん、調布まちなか発電非営利型株式会社（株式会社エコロミ）丹羽正一郎さん、稲田恵美さん、多摩電力合同会社大木貞嗣さん、（岩手県紫波町オガール・プジェクト）NPO法人紫波みらい研究所橋浦律子さん、紫波グリーンエネルギー株式会社藤原隆さん、紫波町農林公社北条秀人さん、佐々木将夢さん、岩手県庁環境生活部環境生活企画室、会津電力株式会社佐藤弥右衛門さん、磯部英世さん、一般社団会津エネルギー機構五十嵐乃里枝さん、岩手県喜多方市企画調整部企画調整課瓜生悦識さん、株式会社イースリー（茅野市）山本永さん、長野県飯田市市民協働環境部有吉拓人さん、NPO法人南信州おひさま進歩小林敏昭さん、池戸道徳さんにご協力をいただいたことを感謝したい。ヒアリングを行うにあたって、市民政策調査会事務局長の小林幸治さん、一般財団法人地域生活研究所研究員三浦一浩さんにご尽力をいただいた。ヒアリングに林和孝さん、伊藤久雄さん、宮崎徹さん、赤坂禎博さんにご協力いただいた。
　東京都内及び全国の市民電力の動向調査については、足温ネット山崎求博さん、認定NPO法人気候ネットワーク豊田陽介さんのご尽力によるものである。さらに、すべてを挙げることはできないが、生活クラブ生協神奈川半澤彰浩さん、生活クラブ生協東京村上彰一さん、さらに市民政策調査会、認定NPO法人まちぽっと、社団法人市民セクター政策機構、認定NPO法人ひと・まち社、東京・生活者ネットワークなどによって開催された様々なフォーラムや活動から、いつも多くを学び、理論的、実践的な多くの刺激を得ている。記して感謝したい。
　最後になったが、「今の課題は何か」についていつも熱心に語る法律文化社編集部の小西英央さんのご厚情に支えられて、本書は完成することができた。感謝申し上げたい。

　　2017年12月26日

　　　　　　　　　　　　　　　　　　　　　　　　　　　坪郷　實

索　引

あ　行

アースデイ（地球の日）　23
アジェンダ21　11, 40, 68, 88
安倍自公政権　113, 144
アメリカ合衆国（USA）　6, 23
安全で確実なエネルギー供給のための倫理委員会　116
飯田市　140, 142, 143
ＥＵ共通エネルギー政策　125
イェニッケ，マーティン　iii, 25, 26, 28-32, 40, 69, 70
イノベーション（技術革新）　27-30, 147
上からの環境政策　90
エコ効率性　30, 32
エコロジー税制改革　98
エコロジー的近代化　26-32, 97, 147
エコロジー的持続可能性　13
エコロジー問題　18, 36
SDGs市民社会ネットワーク　73
NPO（民間非営利組織）　62, 67, 144
エネルギー・環境会議　112
エネルギー基本計画　114
エネルギー協同組合　118-120
エネルギー効率の向上　121
エネルギー自治　138, 139
エネルギー転換　121
エンド・オブ・パイプ（パイプの吸い口）技術（公害防止技術）　35, 147
大島賢一　114
オーフス条約　62
汚染者費用負担の原則　35

か　行

革新的エネルギー・環境戦略　44, 113, 130
拡大生産者責任　46, 61, 88
川崎市　57, 68
環境影響評価法　41
環境開発サミット　43
環境ガバナンス　ii, iii, 7, 8, 12, 13, 25, 36, 106, 148, 149
環境基本計画　57, 58, 62, 88, 148
環境基本法　33, 57, 58
環境行動プログラム　42
環境効率性　59, 82
環境自治体会議　85, 87
環境省（日本）　46, 113
環境税　46
環境政策計画（環境計画）　40, 147
環境政策のグローバリゼーション　25, 69
環境政策の政策手法　38
環境先駆国　107
環境団体　67, 99, 100, 105, 107, 118, 125, 131, 144
環境団体による団体訴権　99
環境庁　24
環境と開発に関する国連会議　10
環境と開発に関する世界委員会（ブルントラント委員会）　10, 29
環境と健康のための内閣委員会　90, 102
環境問題専門家委員会（SRU）　26, 73, 96, 104, 105, 108, 149
環境容量の占有率（エコロジカル・フットプリント）　59, 82
菅政権　112
企業　6, 7, 12, 67, 149
企業の社会的責任　101
気候ネットワーク　8
気候変動政府間パネル（IPCC）　10
気候保護政策　92, 107, 121

索　引

共通だが差異ある責任　1, 3
京都議定書　1, 5, 33, 46
協力ガバナンス　67, 98, 107
協力の原則　36
キリスト教民主同盟（CDU）　29
グリーン企業　100, 107
グリーン内閣　50, 53, 88, 103
グリーンピース　99, 118
グローバルに考え、地域で行動する　23
計画的手法　38
経済生産の上昇とエネルギー消費量の増大の切り離し　110
経済団体　99, 100, 105, 107
経済的持続可能性　14
経済的手段　39
経産省（日本）　113, 131
ゲンシャー，ハンス＝ディートリッヒ　24, 102
原子力規制委員会　113
原子力合意　115
原子力市民委員会　144
原発再稼働　114, 130, 144
原発ゼロ　115
原発のコスト　114
効率性戦略　20
コール保守リベラル政権　91, 102
国際環境自治体協議会（ICLEI）　54
国際的レジーム　25
国連人間環境会議　10
固定価格買取制（FIT）　122, 132, 133
コマンド・アンド・コントロール　39, 41, 97
コミュニティパワーの3原則　140

さ　行

再生可能エネルギー　103, 104, 109, 121, 122, 125, 132
再生可能エネルギー促進法　98, 116
再生可能エネルギーの「導入ポテンシャル調査」　132
再生可能エネルギーの優先接続の原則　134
参加型・協力型の手段　38, 39
産業社会のつくりかえ　36-38
シェフ（首相）の仕事　51, 103, 107
資源生産性　59, 82
地震国　111, 127
自然資本　19
事前予防原則　35, 95
持続可能性の戦略　87, 88, 94
持続可能性のための政策指標　49
持続可能性のマネージメントルール　51, 52, 148
持続可能性の目標と指標システム　72, 148
持続可能な都市　55, 56
持続可能な発展のためのアジェンダ2030（SDGs）　72, 74, 148
持続可能な発展のための委員会（RNE）　47, 55, 94, 99, 101, 103
持続可能な発展のための次官委員会　47, 94, 103
持続可能な発展のための戦略　42-45, 93, 98, 103, 106, 147
自治体　34, 38, 53, 55, 56, 63, 97, 149
自治体の持続可能性のための指標への共同勧告　83
質的成長　17
市民・地域共同発電所全国調査報告書　136
市民参加　62, 63, 98, 112, 144
市民社会組織　6, 7, 12, 98, 148
市民電力　135
市民電力連絡会　135
ジモーニス，ウド・E　25, 26, 28, 40
社会的結合（連帯）　48
社会的持続可能性　15
社会的対話　47, 94
社会民主党（SPD）　29

171

州環境相会議　91, 93, 97
重層的ガバナンス　ⅱ, 44, 68, 97
充分性の戦略　20
自由民主党（FDP）　29
住民投票　34
主導市場（リード市場）　147
首尾一貫性の戦略　20
シュレーダー「赤と緑」の連立政権　26, 29, 46, 73, 88, 97, 103, 106, 107, 115, 116
循環型社会　60
小規模・地域分散型エネルギー供給システム　135, 144, 149
情報提供型教育型手段　39
将来の世代　18
人工資本　19
垂直的政策統合　66
水平的政策統合　66
スウェーデン　10, 12, 23, 36
ストイラー，ラインハルト　16, 17, 18
生活クラブエナジー　139
生活クラブ生協　135, 138
生活スタイル　38
生活の質　48
政策専門家　67, 104, 108, 149
生産者責任　92
『成長の限界』　14, 17, 22
『世界自然資源保全戦略』　10
世界自然保護基金（WWF）　99
世代間公正　11, 48
世代内公正　12
戦略拠点としての自治体　62
総合的環境指標　59, 60, 74, 80, 148
ソーシャル・キャピタル（社会関係資本）　15
外からの入力　32, 33

た 行

第3次環境基本計画　58, 61, 74
第4次環境基本計画　61, 74

代替の原則　36
太陽光発電　109
大連立政権　30
脱原発法　115
脱石炭火力　8, 125
脱炭素化　2
チェルノブイリ原発事故　10, 102, 118
地球サミット　9, 33
強い持続可能性　17
都留重人　13
定常経済　14, 17
デイリー，ハーマン　14, 19
電力システム改革　130, 131
電力の自由化　130
ドイツ環境・自然保護同盟（BUND）　99
ドイツ産業連盟（BDI）　100, 107
ドイツ自然保護同盟（NABU）　99
ドイツ商工会議所（DIHT）　100
ドイツの持続可能性の戦略　50, 51, 74, 148
ドイツの持続可能性の目標と指標システム　74
ドイツのための展望――持続可能な発展のための私たちの戦略　47, 73, 94, 148
統合的環境政策（環境政策統合）　ⅰ, ⅱ, 12, 19, 35, 42, 65, 66, 90, 106, 147, 148
討論型世論調査　112
トップダウン・アプローチ　111, 115, 149

な 行

長野県　141, 142
2030年代に原発稼働ゼロ　113, 144
人間資本　19
熱電併給システム　98
野田政権　112

は 行

バイオマス　109
廃棄物の発生抑制　92
バランスのとれた持続可能性　18, 146

索　引

パリ協定　1, 38, 146
パリレジーム　5
反原発運動　118
非政府組織（NGO）　11, 25, 33, 67, 118, 144
100％エネルギー永続地帯　141
100％再生可能エネルギー地域　118, 119
フーバー，ヨーゼフ　26, 28, 29, 40
風力発電　109
フォン・ヴァイツゼッカー，エルンスト・U　12
フォン・カルロヴィツ，カール　9
福島第一原発事故（東京電力）　114-116
ブラウアー，デビッド　23
プラスサム・ゲーム　ⅱ, 37, 68
フランス　112, 126
ブラント社会リベラル連立政権　10, 23, 90, 102
ベルリン学派　147
法的規制　39
補完性（サブシディアリティ）の原則　38, 45
細川連立政権　33
ボトムアップ・アプローチ　111, 115, 118, 144, 149

ま　行

緑の主導市場　31
緑の党（90年同盟・緑の党）　29, 88, 107, 125
民主党政権　112, 113, 133, 143, 144

メルケル，アンゲラ　103, 104, 116
メルケル保守リベラル連立政権　115
目標と結果志向のガバナンス　64

や　行

ヨーロッパ2020　30, 44, 147
ヨーロッパエコマネージメントシステム（EMAS）　41, 97
ヨーロッパ連合（EU）　30, 42, 147
ヨハネスブルク　43
弱い持続可能性　16
四大公害訴訟　24

ら　行

リオ・デ・ジャネイロ　9, 10, 33
利用可能な最良の技術（BAT）　91, 95, 102, 106
連邦環境・自然保護・原子力安全省（連邦環境省）　92, 95, 96, 98, 99, 102, 103, 105
連邦環境庁　103
連邦議会第1次調査委員会　96
連邦議会第2次「人間と環境保護」調査委員会　93, 96
連邦経済発展省　100
連邦内務省　24, 91, 102
ローカル・アジェンダ21　11, 47, 53, 54, 68, 83, 88, 97, 98, 106
ローマクラブ　14, 22

わ　行

『私たちの共通の未来』　10, 29

■著者紹介

坪　郷　實（つぼごう　みのる）

　　1948年　生まれ
　　1978年　大阪市立大学大学院法学研究科後期博士課程単位取得退学
　　1991年　博士（法学）大阪市立大学
　　　　　　北九州大学法学部教授を経て、
　　現　在　早稲田大学社会科学総合学術院教授

主　著

　『新しい社会運動と緑の党――福祉国家のゆらぎの中で』九州大学出版会、1989年
　『統一ドイツのゆくえ』1991年、岩波書店
　『ドイツの市民自治体――市民社会を強くする方法』生活社、2007年
　『環境政策の政治学――ドイツと日本』早稲田大学出版部、2009年
　『脱原発とエネルギー政策の転換――ドイツの事例から』明石書店、2013年
　共著『市民自立の政治戦略――これからの日本をどう考えるか』（山口定、宝田善、進藤榮一、住澤博紀編）朝日新聞社、1992年
　共著『2025年　日本の構想』（山口定、神野直彦編）岩波書店、2000年
　編著『新しい公共空間をつくる――市民活動の営みから』日本評論社、2003年
　編著『参加ガバナンス――社会と組織の運営革新』日本評論社、2006年
　共編著『市民が描く社会像――政策リスト37』（石毛鍈子、須田春海と共編）生活社、2009年
　編著『比較・政治参加』ミネルヴァ書房、2009年
　編著『ソーシャル・キャピタル』ミネルヴァ書房、2015年
　共著『リアル・デモクラシー――ポスト「日本型利益政治」の構想』（宮本太郎、山口二郎編）岩波書店、2016年

　　　　　　　　　　　　　　　　　　　　　　　　　　　　　　　　他多数

Horitsu Bunka Sha

環境ガバナンスの政治学
── 脱原発とエネルギー転換

2018年3月25日　初版第1刷発行

著　者　坪郷　實

発行者　田靡純子

発行所　株式会社　法律文化社

〒603-8053
京都市北区上賀茂岩ヶ垣内町71
電話 075(791)7131　FAX 075(721)8400
http://www.hou-bun.com/

＊乱丁など不良本がありましたら、ご連絡ください。
送料小社負担にてお取り替えいたします。

印刷：中村印刷㈱／製本：㈱藤沢製本
装幀：白沢　正
ISBN 978-4-589-03908-8

©2018 Minoru Tsubogo Printed in Japan

JCOPY　〈㈳出版者著作権管理機構　委託出版物〉

本書の無断複写は著作権法上での例外を除き禁じられています。複写される
場合は、そのつど事前に、㈳出版者著作権管理機構（電話 03-3513-6969、
FAX 03-3513-6979、e-mail: info@jcopy.or.jp）の許諾を得てください。

グローバル・ガバナンス学会編［グローバル・ガバナンス学叢書］
大矢根聡・菅 英輝・松井康浩責任編集
グローバル・ガバナンス学Ⅰ
―理論・歴史・規範―

渡邊啓貴・福田耕治・首藤もと子責任編集
グローバル・ガバナンス学Ⅱ
―主体・地域・新領域―

Ⅰ：Ａ５判・280頁・3800円／Ⅱ：Ａ５判・284頁・3800円

グローバル・ガバナンス学会5周年記念事業の一環として、研究潮流の最前線を示す。Ⅰ：グローバル・ガバナンスの概念とこれに基づく分析を今日の観点から洗いなおし、理論的考察・歴史的展開・国際規範の分析の順に論考を配置。Ⅱ：グローバル・ガバナンスに係る制度化の進展と変容をふまえ、多様な主体の認識と行動、地域ガバナンスとの連携および脱領域的な問題群の3部に分けて課題を検討。

嘉田由紀子・新川達郎・村上紗央里編
レイチェル・カーソンに学ぶ現代環境論
―アクティブ・ラーニングによる環境教育の試み―

Ａ５判・214頁・2600円

カーソンのアイデアに学びつつ、自分自身の感性や関心に立脚して環境問題を考える。カーソンの思想と行動を解説した後、環境教育を切り拓いてきた著名な執筆者による多角的なアプローチを示し、実際に行われた教育実践の結果を考察。

今村光章編
環境教育学の基礎理論
―再評価と新機軸―

Ａ５判・232頁・3400円

環境教育学の理論構築に向けた初めての包括的論考集。自然保護教育・公害教育などの教育領域ごとに発展してきた理論や学校・地域における教育実践に基づく学問的基礎理論を整理のうえ、環境教育学の構築を探究する。

広島市立大学広島平和研究所編
平和と安全保障を考える事典

Ａ５判・710頁・3600円

混沌とする国際情勢において、平和と安全保障の問題を考える上で手引きとなる1300項目を収録。多様な分野の専門家らが学際的アプローチで用語や最新理論、概念を解説。平和創造の視点から国際政治のいまとこれからを読み解く。

――― 法律文化社 ―――

表示価格は本体(税別)価格です